クルマを捨ててこそ地方は甦る

藤井 聡
Fujii Satoshi

PHP新書

はじめに

東京や大阪の都心なら、「クルマ」なんてなくても生活できる。たいていの所には電車で行けるし、お店やレストランだってどこにでもある。

しかし、地方となると話は別だ。

地下鉄も私鉄もないし、バスはあっても、どこにどうつながっているのかよくわからない。そもそもあっても、1時間に数本程度。買い物するにしても、お店はクルマじゃないと行けないところがほとんどだし、通勤だってクルマが当たり前。

そんな街じゃ、クルマがなければ生きていけない。実際、地方の一般的な街では、移動手段の実に7割や8割以上がクルマ移動だ。

だからお店もレストランも、商店街も、はては鉄道の駅に至るまで、みんなクルマで行くのが前提になっていて、駐車場のないところなんてない。住む場所だってそう。多くの住宅地が電車の駅からはほど遠いところにつくられている。

つまり地方の社会は「クルマ」が前提になってできあがっているわけだ。

——しかし、**今地方が「疲弊」している重大な原因は、まさにこの、地方社会が「クルマに依存しきっている」という点にある**、という「真実」は、ほとんど知られていないのではないかと思う。

第一に、皆がクルマばかり使っていれば、つまり、**クルマ社会化＝モータリゼーション**が進展すれば——鉄道はどんどん寂れていって、駅前商店街もダメになっていく。つまり、**クルマ社会化は、地域の地元商業や公共交通産業に大きな打撃を与える**。

第二に、クルマ社会化が進めば、郊外の大型ショッピングセンターは大流行《おおはやり》となっていくが、それらは基本いずれも、グローバルマーケットでも活躍するほどの「地域外の資本」でつくられたお店だ。だからその利益の大半は地元に戻ってこないで、東京や大阪などの大都市に吸い上げられる。実際、筆者の研究室の調べでは、地元商店街では使ったオカネの5割から6割が地元に還元されるのだが、大型ショッピングセンターでは、1割から2割程度しか地元には還ってこない。その大半は、地域外に流出するのだ。

つまりクルマ社会化が進めば進むほど、**住民が一生懸命働いて稼いだオカネが地域外に流出し、地域経済はますます疲弊していく。**

そして第三に、そうやって地域産業や経済が衰退すればもちろん、**地元の市や県に納められる「税金」も少なくなり、行政サービスも劣化していくことになる。**

とにもかくにも、クルマが便利であることは間違いないし、地方都市では、クルマがないとやっていけない。だから地方を甦らせるのに、クルマを排除するなんてナンセンスだ、と思われがちだ。しかし、だからといって、クルマに頼り切った社会をつくってしまえば、地域の商業は衰退し、住民所得は地域外に流出して経済は疲弊し、税収も減って行政サービスは劣化してしまう等々、実に様々なダメージを地域社会に与え、地方は「踏んだり蹴ったり」の状態になってしまう。

つまり、**地方ではクルマが当たり前という「常識」こそが、地方を疲弊させているのだ。**

繰り返すが、地方が疲弊していくメカニズムのそのど真ん中に「クルマ」という存在があるのだ。

しかも、やっかいなことに、クルマを使えば使うほどに人々はさらにクルマなしではやっていけなくなってしまう。便利だからといって頼り切ってしまえば身を持ち崩す――そんなジャンクフードのような側面を、クルマは持ち合わせているのだ。

だとしたら地方を豊かにしたい、地方を創生したいと考えるなら、クルマに頼り切る態度からは脱却する他ない。

すなわち、**クルマを捨ててこそ地方は甦る**のである。

本書では、一面において「地方の暮らしには不可欠」でもあるクルマがいかに地方を「疲弊」させているのか、というメカニズムを明らかにしていくと同時に、どっぷりとクルマに浸かった地方において、少なくとも**「部分的」にでも**「脱クルマ」の要素を導入し、これを通して地方を活性化し、創生していく道を明らかにしようとするものである。

ぜひ、クルマを毎日使っている人もそうでない人も、都市部の人も地方の人も、郊外の人も街の中心部の人も、便利極まりない一方でやっかいな問題をいろいろと巻き起こす「クルマ」という存在と、どうやれば**「かしこく」**つきあっていけるのかを、一度じっくりと考えていただきたいと思う。

クルマを捨ててこそ地方は甦る

目次

第3章　クルマを締め出しても、混乱しない

第4章　「道」にLRTをつくって、地方を活性化する

終章　クルマと「かしこく」つきあうために

おわりに

第1章　道からクルマを追い出せば、人が溢れる

「歩行者天国」という大成功モデル

道路といえば、クルマのためのものだ、というイメージが強い。

実際、その両脇に申し訳程度に白線を引いて、その外側だけが歩行者のもの。残りの道路空間はすべてクルマのためのもの、というのが一般的だ。

しかし、もし、この道路空間をすべて人に開放したらどうなるのか――その一番典型的な例が、「歩行者天国」だ。

例えば、東京銀座のまさにど真ん中、「銀座中央通り」は、週末の午後、1㎞以上もの区間で自動車の流入が禁止され、「歩行者天国」となる。

左の写真1をご覧いただきたい。

ご覧のように、広い道路が人で埋め尽くされている。

もちろん、両脇には歩道があるのだが、いかに銀座の道路の歩道が広いとはいえ、これだけのたくさんの人々を押し込むことはできない。

つまり、銀座は週末に、中央通りからクルマを追い出すことで、普段では受け入れることができないほどの「大量の買い物客」を呼び込むことに成功しているわけだ。

写真1　東京銀座、中央通りの歩行者天国（写真提供：時事通信フォト）

写真2　東京、新宿通りの歩行者天国（写真提供：時事通信フォト）

写真3　東京、秋葉原の歩行者天国（写真提供：時事通信フォト）

写真2は、東京・新宿の新宿通りでの歩行者天国の様子。

ご覧のように、新宿では、週末の午後、その繁華街のど真ん中を突っ切っている新宿通りを中心に、その周辺の細い道路も含めて「面的」に歩行者天国が実施されている。

ここでも、クルマが追い出された道路の上に、人が溢《あふ》れかえっている。

東京にはもう一つ、有名な歩行者天国がある。

秋葉原だ。

ここもまた、大きな道路が一面、人で埋め尽くされている（写真3）。

銀座、新宿、秋葉原、いずれも東京、というより日本を代表する大商業地だが、それらはどれも、週末には「クルマを締め出す」ことで歩行者に道路を開放し、大成功しているエリアなのである。

商店街にクルマがいなければ、皆、楽しい気分になる！

歩行者天国が、これだけ大量の人々を引きつけるのには、いくつもの理由がある。

そもそもクルマが走っている道路は危ない場所だ。だけどクルマさえいなければゆったりと歩くことができるのだから、その街の「魅力」が大きくなるのも当然だ。

実際、筆者が行なった歩行者を対象とした心理調査により、「商店街でクルマとすれ違うことで、楽しい気分が失われてしまう」という実態が明らかになっている。

図1は、東京のある代表的な商店街（自由が丘）で、筆者が行なった心理調査の結果だ。

この調査は、至ってシンプルなもので、道路を歩いている人に「今の気分」を、その場で直感的に答えてもらう、というもの（この調査法は、ノーベル経済学賞をとったカーネマン教授が提案する調査法を応用したものだ）。道を歩く人に協力していただき、一人ひとりの気分をそうやって測定していったわけだが、そのタイミングで「クルマ」が通っていたのかそうでなかったのかも、別途チェックした。そして、クルマとすれ違ったタイミングだったかどう

図1　商店街の「楽しい気分」は、クルマとすれ違うことで台なしになる

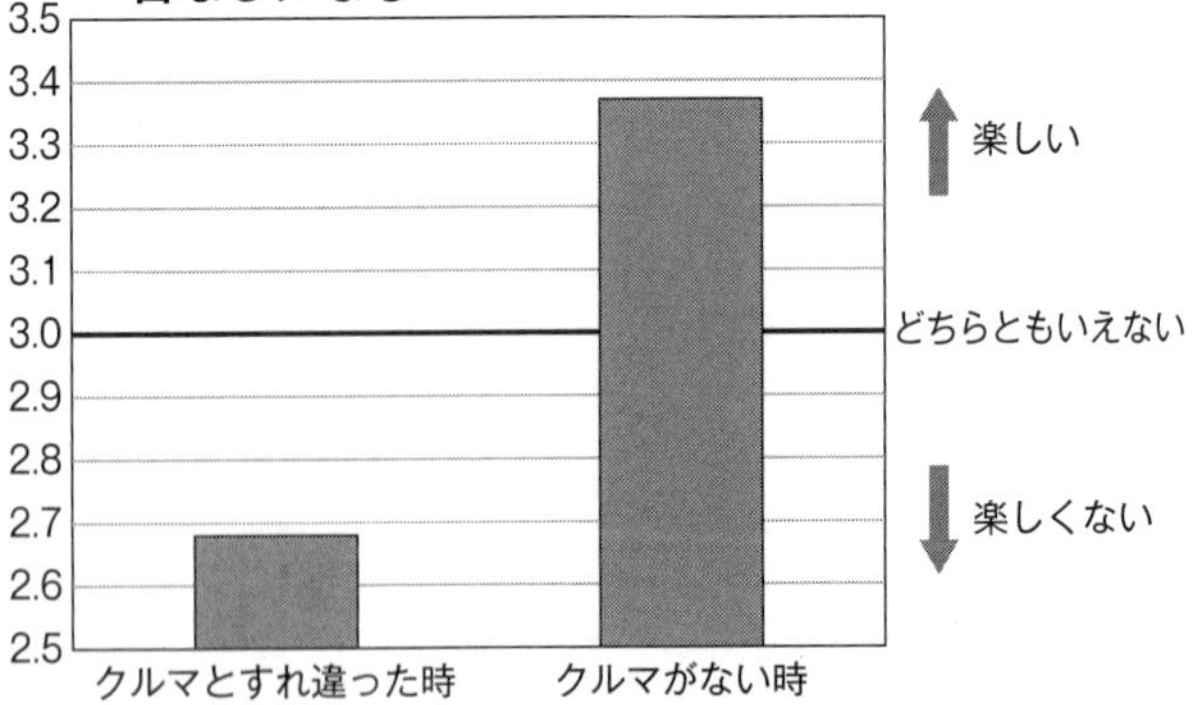

※自由が丘の歩行者を対象として行った路上調査結果。その時点における気分を直感的に回答してもらい、その対象者がその時、クルマとすれ違っていたかいなかったかで分類し、集計したもの。

出典：谷口綾子・香川太郎・藤井 聡「商店街における自動車交通が歩行者に及ぼす心的影響分析」、土木学会論文集D, 65(3), pp. 329-335, 2009.

かで、対象者を分類して、それぞれの「気分」の平均をとったものだ。

ご覧のように、クルマがないタイミングでの楽しいか楽しくないかの「気分」は、「どちらともいえない」よりも上のレベルの「楽しい」状態にあった。ところが、クルマとすれ違ったタイミングでの「気分」は、「どちらともいえない」を下回る「楽しくない」レベルとなっている。

つまり、クルマさえなければ、自由が丘で歩くことは、ただそれだけで「楽しい」ことだったのに、クルマとすれ違うだけでその気分が台なしになり、「楽しくない」気持ちになってしまうわけだ。

逆にいうなら、今一つ魅力がない商店街で

も、クルマを締め出せば、その道は「楽しい空間」に生まれ変わる可能性を秘めているのである。

「祭り」と同じ賑わいのカタルシス

「歩行者天国」の最大の魅力はクルマがない、ということだが、そこにはもう一つの大きな魅力がある。

それは「賑《にぎ》わいがある」ということだ。

賑わいとは、人がたくさん集まり、活気ある状況をいう。

銀座や新宿、秋葉原の写真はまさに、それぞれの街の「賑わい」を示している。

人は、この「賑わい」が好きなのだ。

その典型例が、「祭り」。

例えば、日本の三大祭りの一つ、京都の「祇園祭」で一番盛り上がるのは実は、宵山《よいやま》や宵々山《よいよいやま》だ。

これは「山鉾《やまほこ》巡行」という祭り本番の前夜、前々夜に、京都の主要都心部すべてからクルマを締め出し、広大な「歩行者天国」をつくりだすというイベントだ。そしてその「歩行者

写真4　祇園祭の「宵山」における道路（四条通り）を埋め尽くす人波
（写真提供：時事通信フォト）

天国」に何十万人という凄まじい数の人々が、京都のまちなかに集まってくる（写真4）。

宵山や宵々山では、祭り本番で京都市中を巡行する鉾《ほこ》が展示されてはいるものの、動きはしない。ただ単にそこにあるだけだ。

では、何十万人という人々は、一体何のために宵山や宵々山に、京都市内に集まってくるのかといえば、彼らはただ単に、普段クルマが行き交う広い道路上をあちこち**「練り歩く」ためだけに来ている**のである。

大人も子供も男も女も、京都のみならず周辺の人たちも皆、ただ単に、大量の人々が、普段クルマに占拠されている道路を、自分たちの足で、さながら「道路ジャック」するかのごとく練り歩く。ここに祭り特有のカタルシスがあるという次第だ。

つまり人々はただ単に、京都市内を大量の人が集まる「賑わい」に参加することだけを目当てに集まり、集まることそれ自身が「賑わい」を拡大させ、それがまた魅力となって、より多くの人々を集める――と雪だるま式に膨れあがったものが、祇園祭なのである。

ただしそれは何も祇園祭に限ったものではない。あらゆる祭りは多かれ少なかれ、「賑わい」を楽しむものなのだ。

こうした側面から見るなら、その中心にある神事は単なる「きっかけ」程度のものにすぎない。皆で集まって騒ぐ――これこそ（庶民側から見た側面における）祭りの本質というわけだ。

そして、歩行者天国にはまさに、こうした「祭り」を楽しむのと同じような「賑わい」の魅力があるのである。

クルマのいない歩行者天国で、皆がスマイル！

つまり歩行者天国には、「クルマがいない」という側面と、「賑わいがある」という側面があり、両者がそれぞれに、そのエリアの魅力を大いに高めている。歩行者にとっては、「ク

図2 「平常」時と「歩行者天国」時での、歩行者の「笑顔率」

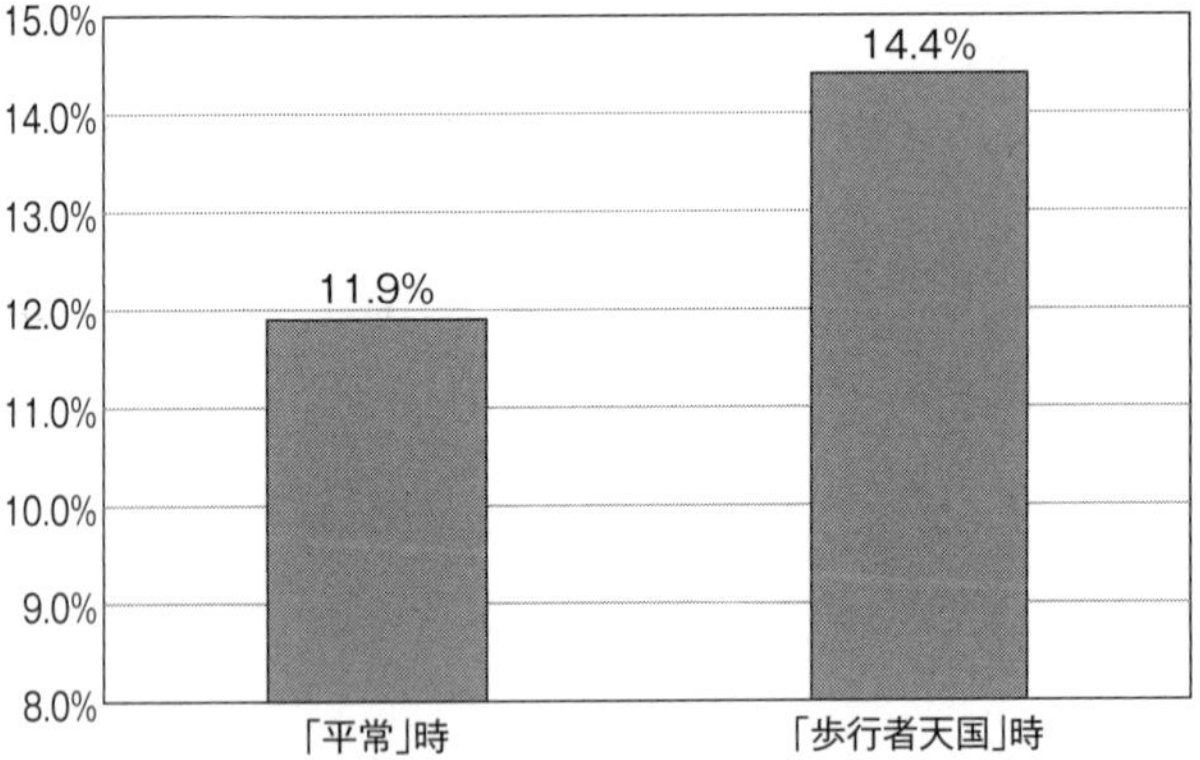

※「笑顔」の判定は、人の笑顔に反応して自動的にシャッターを切る機能のデジタルカメラを活用。
※出典：札本太一・小嶋文・久保田尚「歩行者の外形的な特徴に着目した空間評価に関する研究」土木学会論文集D3, 67(5), pp. 919-927, 2011.

ルマ」という「嫌なもの」がないというだけでも「楽しい気分」になるのだが、そればかりではなく、「賑わい」という「楽しいもの」が加わることで、歩行者天国はより魅力的なものとなっているのだ。

結果、人々は歩行者天国で皆ハッピーになる。

そしてこの点は、実は実地調査からも明らかにされている。

ハッピーといえば笑顔。そして、その笑顔が、歩行者天国によって増えるということが、埼玉大学の久保田教授たちの研究グループによって実証的に明らかにされている。

図2は、埼玉県の「川越市」という関東の街で、実際に歩行者天国を行なった場合とそ

うでない場合とで、人々がどれだけ「笑顔」になっているかを測定したものだ。

ご覧のように、歩行者天国の方が、笑顔の歩行者が多い。

人々の「ハッピー」は実際に、歩行者天国にすることで拡大しているのである。

また、この調査では、歩行者たちがどういう「ふるまい」をしているのかもあわせて調査している。

次ページの図3-1は、家族やカップル、友人同士で訪れた「2人組」のうち、横に並んで歩いている割合だ。2人で来たんだから、普通は横に並んで歩くのが当たり前——ともいえそうだが、実はそうではない。

「平常時」に着目すれば、2人仲良く並んで歩いているのは全体の6割弱。残りの4割は、せっかく2人で来ているのに「縦」に並んだりしている。

これはもちろん、歩く場所が狭く、横に並んで歩けないから仕方なく縦に並んで歩いている——というもの。

一方で、歩行者天国の時には、ほとんどの人が仲良く横に並んで歩いている。歩行者天国の方が、人々が自然にふるまっている様子がわかるだろう。

さらに図3-2は、「親子連れ」に着目した結果だ。このグラフは、親が子供と手をつない

図3　川越における「平常」時と「歩行者天国」時の比較

1 「横に並んで歩いている」2人組の割合(「平常」時と「歩行者天国」時)

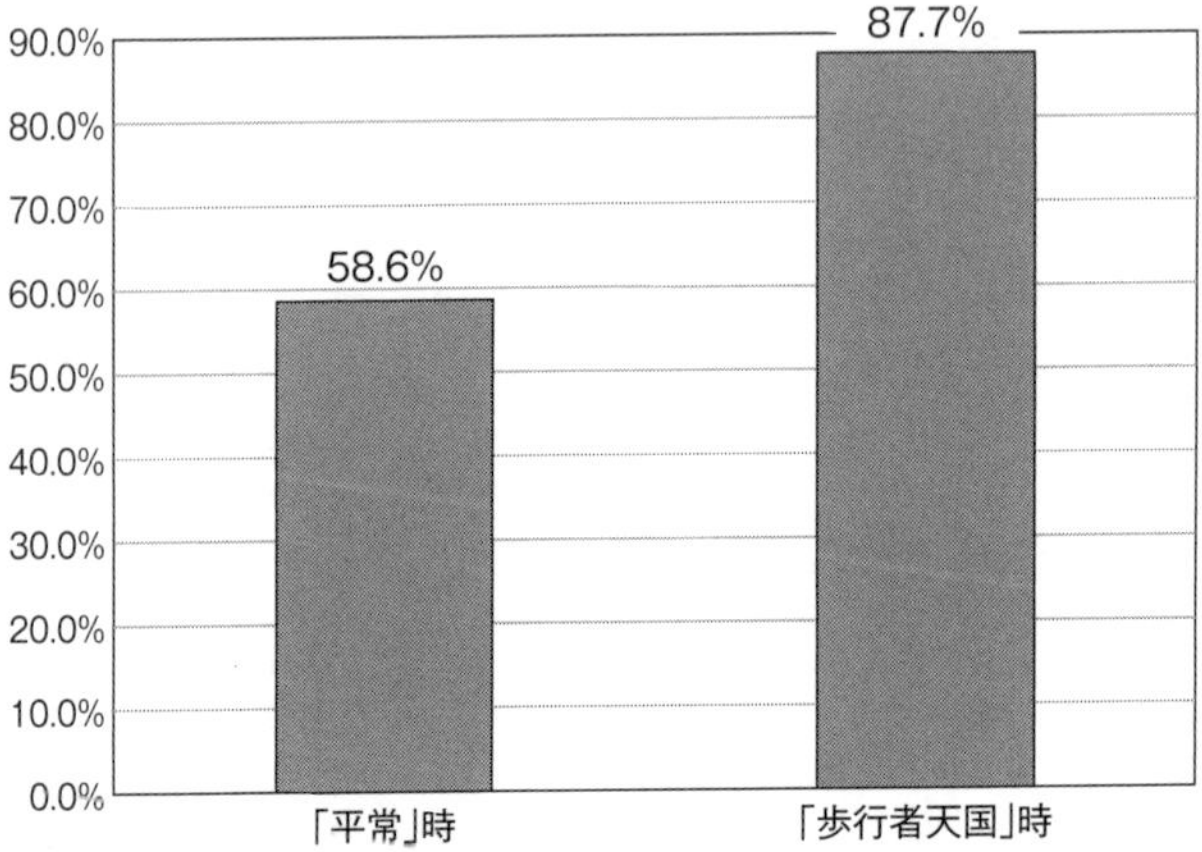

2 「子供を守る行為」(手をつなぐ・抱っこする)をしている親子連れの割合

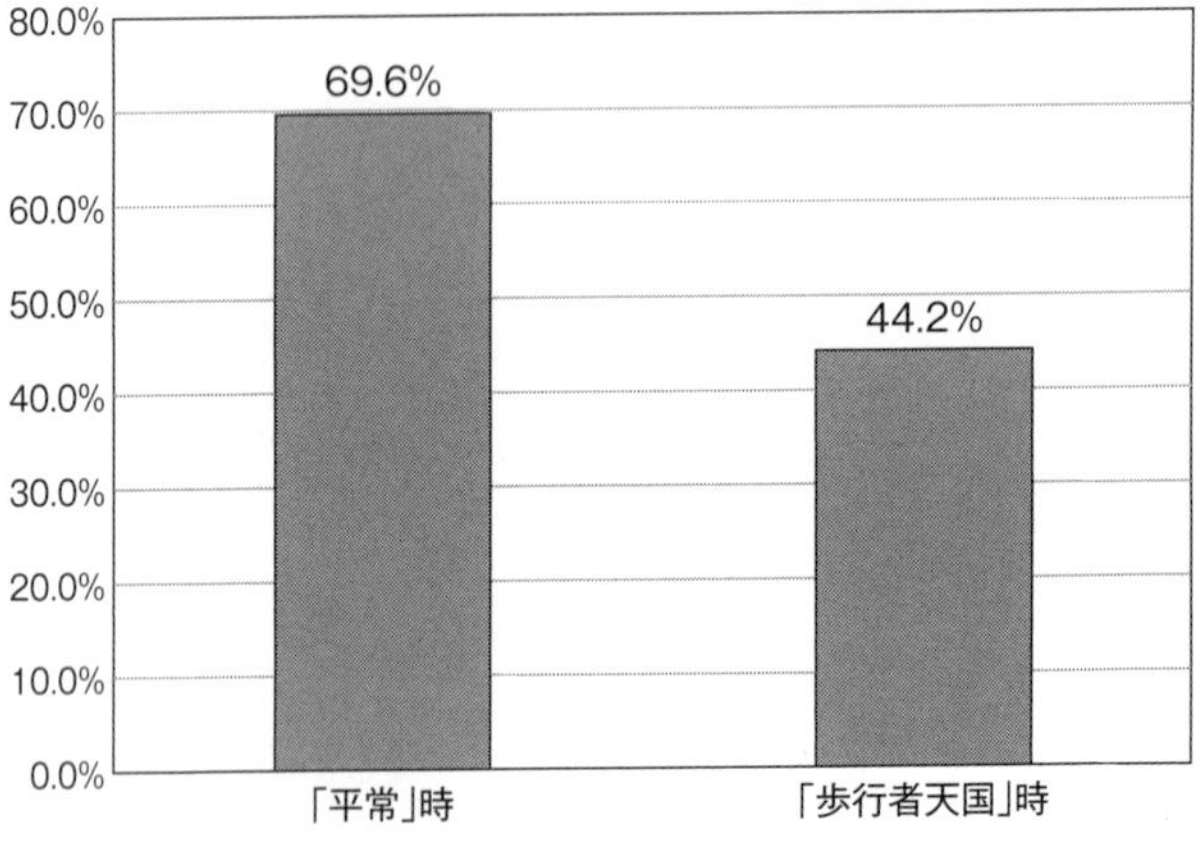

出典：札本・小嶋・久保田(2011)

だり、抱っこしたりしている割合を示している。

そもそもクルマが走っているような道では、親は子供の手をつないだり抱っこしたりしておかないと危ない。結果、子供たちは好きに歩き回る自由が制約されてしまう。お母さんたちにしてみても、子供を守るためにずっと「緊張」していなければならなくなる。

実際、クルマが道路上を走っている平常時、実に7割ものお母さんたちが、子供を守る行動（手をつなぐ、抱っこする）をとっている。

一方、その同じ道に歩行者天国を導入し、クルマを排除すれば、そういう行為が（4割強にまで）一気に減ることがわかる。これはつまり、実に半分以上のお母さんたちが子供を自由に「歩かせて」いることを意味している。つまり多くのお母さんたちは、歩行者天国を導入することでクルマから子供を守るために緊張し続ける――という状況から解放されたわけだ。

そしてもちろん、それと同じ数の子供たちは、好き勝手に歩き回れる「自由」を手にしたこととなる（もちろん、親子が手をつないだり、抱っこしたりするのは、大切なスキンシップともいえる。実際、歩行者天国においても4割以上もの人たちがそうしている。ここで重要なのは、歩行者天国であれば、危ないクルマを気にせず、手をつなぐかつながないかが決められるという

「自由」がある一方、クルマが走っていれば、その自由が奪われている、という点にある）。

歩行者天国にすれば、クルマというストレスがなくなり、カップルも夫婦も親子も、好きなように歩き始めることができる――これこそ、クルマを捨てることで、皆が「ハッピー」になり、街が魅力的になっていくメカニズムなのである。

「車道を削って歩道を広げる」だけで感動を味わえる

以上の歩行者天国の話は、道路からクルマを完全に締め出して、歩行者に開放すれば、たくさんの人がやってくる――というものだったが、その道路がクルマにとって重要である場合には、その道路をすべて歩行者に開放していくのは必ずしもたやすいことではない。だが、車道の「一部」を削って歩道を広げ、道路から一部のクルマを締め出せば、やはり同じように「人を呼び込む」効果が発揮される。

そんな典型例が、京都市の「四条通り」だ。

四条通りといえば、京都市の中心部のど真ん中にある一番の目抜き通り。大丸や高島屋などの百貨店や、ヴィトンやアルマーニなどの高級ブランドの路面店が立ち並ぶ。先にも紹介した「祇園祭」でも、最も中心となる京都の「顔」ともいえるメインストリートだ。

図4　道路拡幅事業の完成図

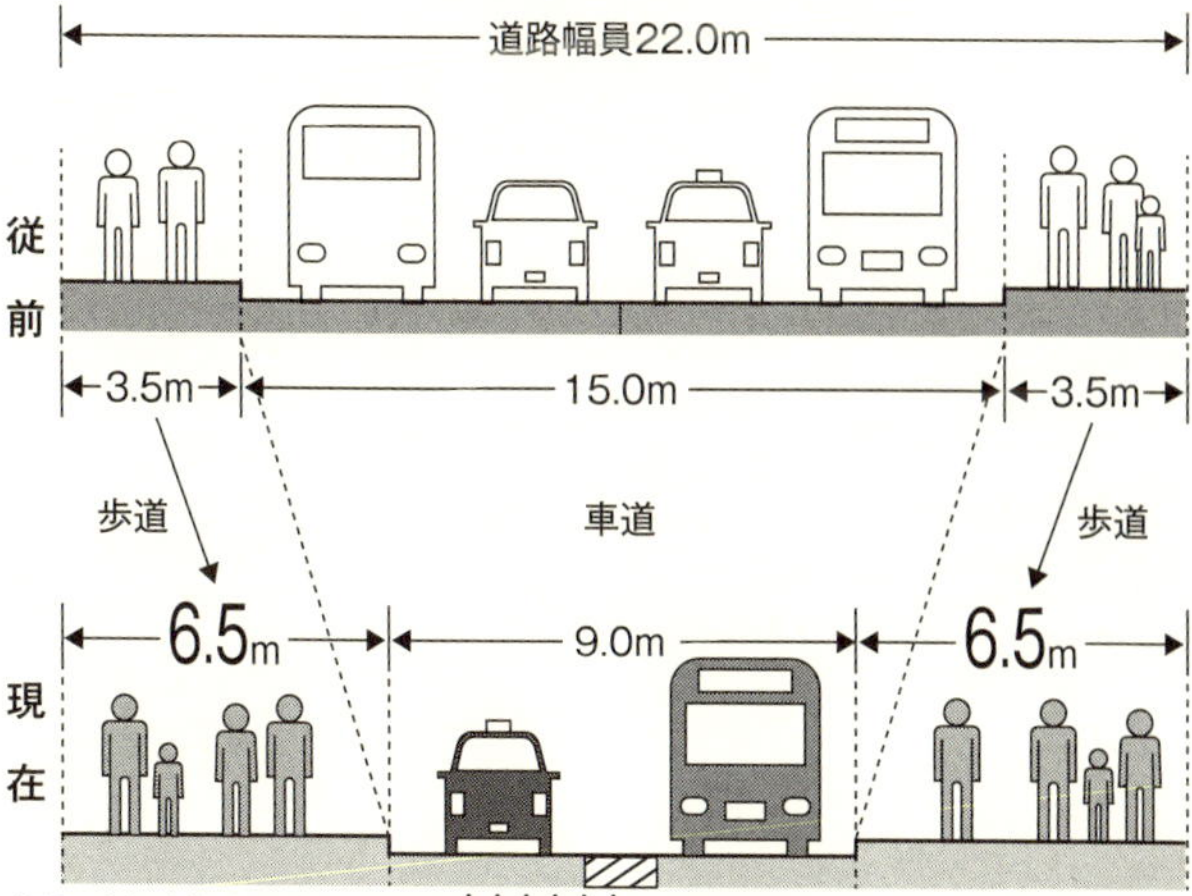

出所：京都市『人と公共交通優先の歩いて楽しい四条通』2015

この道路はかつて、道路の両脇の一部を歩道にして、その間が「片側二車線」の車道になっている、どこにでもある普通の構造であった。

その「歩道」の幅はかつては３・５ｍ。これが普通の通りなら、それだけの幅があれば十分だということだったが、やはりここは京都市のメインストリート。それだけでは人がごった返し、「歩きづらさ」が際立っていた。

そんな中、京都市は、図４のように「車道を一車線削り、その空間を使って歩道を広げる工事」を行なった。その結果、歩道は倍近くの６・５ｍにまで広げられた（行政では、こうした工事は一般に「道路空間の再配分工事」といわれる）。

その結果、四条通りは、以前に比べてグンと歩きやすくなった。

例えば、新聞では、**「以前は人にぶつかりそうで子連れで歩きにくかった。今日は店をのぞきながら、ぶらぶら買い物ができた」**（四条通りでベビーカーを押していた40代の夫婦）などという声が紹介されていた。様々な歩行者が、様々な立場でこうした「歩きやすさ」を感じたことがわかる。

筆者ももちろんその一人で、歩道拡幅後に初めて四条通りを歩いた時は、昔から何十年も歩き続けてきたその道路空間がそれまでとは打って変わって「歩きやすく」なっていたことに、軽い「感動」を覚えた。

しかも、歩道拡幅の効果は、それだけにはとどまらない。その結果、より多くの人々が四条通りを訪れるようになったのである。歩行者調査によれば、四条通りの**毎月の歩行者数は、歩道拡張前と比べて1～2割程度増加している**結果となっている。

そして、歩行者を対象とした聞き取り調査によれば、整備前と比較して**「賑わいを感じるようになったか」と聞いて「はい」と答えた人の割合は63%**にも上った。その主たる理由は**やはり、「人が多くなった」というものだ。

言うまでもなく、歩行者が増えれば、沿道の商店での消費額もそれに連れて増える。

　だから、四条通りの「クルマの一部締め出し」工事は、歩行者にとって四条通りをより「魅力的」なものにヴァージョンアップさせ、四条通りの賑わいをさらに増進し、それを通して、京都の中心部の**経済活性化に貢献**したのである。

　実際、歩道拡幅が行なわれた下京区の商業地の地下工事価格の上昇率は、拡幅前の2015年から拡幅後のその翌年にかけて、2・61倍（3・1％→8・1％）に拡大している。この拡大率は、京都市内全体の2・17倍（2・3％→5・0％）を上回る水準だ。つまり、歩道拡幅工事が京都市内の資産価値の向上に寄与しているわけだ。

地方都市でも「クルマの締め出し」が効果的

　ところでこうした事例は150万人の人口を擁した大都市「京都」のものだが、先に紹介した「川越市」の事例は、全国各地の今後の「地方創生」の在り方を考える上で、重要な意味を持つ。

　それはつまり、クルマを締め出すことで魅力的になるのは、銀座や新宿、あるいは、京都といった、日本を代表する商業エリアだけなのではなく、人口が30万～40万人程度の日本中どこにでもある普通の街においても、クルマを締め出すことで、その街の魅力は向上する、ということを実証的に示している点にある。

実際、こうした事例は川越市だけに見られるものではない。

写真5、6は、人口約40万の富山市の中心部にある「グランドプラザ」と呼ばれる「広場」（南北約65m、東西約21m）の写真だ。この広場は誰でも登録すれば自由に借りてイベントを開催することができるようになっているもので、様々な民間主体によってほぼ連日様々なイベントが開かれている。そして、これらの写真に見られるようにその都度、多くの人々で賑わっている。

しかもこのグランドプラザは、古くからある街の商店街とも接続している。この商店街は、典型的な「シャッター街」（後ほど詳しく紹介するが、店の多くが店をたたんでしまい、昼間からシャッターが閉まった店ばかりになってしまっている商店街）となっていたのだが、このグランドプラザに訪れる人たちが「溢れ出る」形で、集客を伸ばしている。つまり、グランドプラザの人の賑わいは、その周辺の商店街の活性化にも役立っているわけだ。

ただし、このように数多くの人々が押し寄せてくるようになったのは、広場ができてからの話で、それ以前は全く違った。

そもそも**この広場は、以前は、クルマが通る普通の「道路」だった**のだ。それを富山市の

写真5　市道でつくった広場　富山市の「グランドプラザ」（その1）
（写真提供：朝日新聞社／ユニフォトプレス）

写真6　市道でつくった広場　富山市の「グランドプラザ」（その2）
（写真提供：時事通信フォト）

事業（市街地再開発事業）で、クルマが入ることのできない「広場」に作り替えたのだ。

これもつまり、歩行者天国の話と同様、まちなかの道路空間からクルマを締め出したら人がいっぱいやってきた、という構図にある。

言うまでもなく、富山は典型的なクルマ社会。徒歩や自転車も入れたすべての移動の、実に7割がクルマだ。

しかしそんなクルマ社会でも、街の中心部の「一等地」の道路からクルマを追い出せば、その空間は瞬く間に魅力的な空間となり、人で賑わう場所に生まれ変わるのである。

つまり、人口が限られた地方都市において、それがどれだけのクルマ社会であっても、クルマに完璧に頼り切って「クルマを締め出すなんてありえない——」というような発想では、まちづくりは行き詰まってしまうのである。**どこかでクルマを「捨て去る」姿勢を持ってまちづくりに臨むことが、まちなかの再生のためには必要不可欠なのである。**人はクルマの中に閉じこもっているよりも、人が賑わう場所で自由に歩き回るのが好きなのである。

つまり、どんな都市であろうと、その地の人々はクルマのない空間を望む潜在意識を持っているのだ。その潜在意識をいかに上手に活用するかが、地方の活性化、地方創生にとっての重要なカギなのである。

第2章　クルマが地方を衰退させた

なぜ、クルマを捨てれば、街は活性化するのか？

大都市であろうが地方都市であろうが、「まちなか」からクルマを締め出すと、そこに人が溢れ出す――これが第1章で紹介した、地域活性化の「真実」だ。

しかしなぜ、そうなるのか？

もちろん、先の章でも繰り返し指摘したように、その一つの理由は、人はクルマが通っている空間より、人で賑わっている空間の方が「好きだ」という事実にある。クルマが通った時に人々の気分が「悪く」なってしまい、「笑顔」も少なくなってしまう一方、クルマがなければ、「楽しい気分」になって、「笑顔」も自《おの》ずと出てくる。だからクルマがない空間の方が、人々にとってはより「魅力的」なのである。

しかし、クルマの締め出しが地域活性化につながる理由はこれだけではない。クルマは極めて便利である一方で、それぞれの地域を様々な理由で「疲弊」させ「衰退」させる大きな原因となっている。

クルマという存在は、都市や地域の成長を促すポジティブな側面を持つだけなのでなく、いわば**その発展・成長を邪魔立てする一つの大きな障害物ともなっている**のである。

だからこそ、クルマを「適切」な形で「効果的」に締め出していけば、**まるで荷物が多すぎて進めなかった馬車が、荷物を無くせば楽々と前に進んでいけるように、その都市は活性化し、再生されていくこととなる**のである。

ここでは、普段、その圧倒的な便利さの陰に隠れてなかなか着目されてこなかった、クルマという存在の「影」の部分に着目したいと思う。

そして、クルマがいかに都市や地方を衰退させているのかを、経済や財政、都市計画、あるいは医療行政の視点から、一つずつ確認してみたいと思う。

イデオロギーや好き嫌いを抜きにして、こうした**「事実」**を一つひとつ確認していく作業は、地方を活性化していく上で絶対に求められる、必要不可欠なプロセスなのだ。

クルマ社会が「シャッター街」をもたらした

今、日本中の地方都市は激しく疲弊し、衰弱している。

90年代後半から続く「デフレーション」で、どこもかしこも不景気だ。ただ、そんな中でも東京をはじめとした大都会だけは、まだ、商売環境は「まし」だから、地方から都市部への企業や人口の流入が止まらなくなっている。

写真7　日本のある都市の「シャッター街」の風景

　結果、日本中の地方都市の「まちなか」の商店街からは、人がどんどん減っていった。そして、写真7のような**「シャッター街」**が全国各地に広がっていった。つまり、地方都市の商店街では、どんどん客が減り、商店街の商店の商売が成り立たなくなっていき、結果、つぶれてシャッターを閉めてしまう店ばかりになっていった。

　しかし、この「シャッター街現象」は、デフレや東京一極集中だけが原因なのではない。

　そもそも、地方都市の人口が減ってきたとはいえ、地方都市にはまだまだたくさんの人々が暮らしているのであり、彼らは皆もちろん、毎日様々な「買い物」をしている。

では、地方の人たちが一体どこで買い物をしているのかといえば——いわゆる、**郊外型の「大型ショッピングセンター」**だ。

実際、おおよそ、どこの地方都市に行っても、写真8のような大型ショッピングセンターがつくられている。そして、街の中心部はほぼシャッター街で、ほとんど人の気配を感ずることがないような街でも、郊外のショッピングセンターに行けば、シャッター街の「ゴーストタウン」のような雰囲気がまるでウソのように感じてしまうほどのたくさんの人が、「殺到」している状況になっている。

つまり、地方都市の商店街から客を奪い去り、「シャッター街化」させていった張本人は、東京をはじめとした「大都市」というよりは、その地方都市の「郊外」のショッピングセンターなのである。

ではなぜ人々は、まちなかの商店街から、こうした郊外の大型ショッピングセンターに行くようになったのかといえば——それはもちろん、サービスレベルや品揃え、価格など、「商品の質」そのものが違う、というのが一つの理由ではある。

しかしそうした「商品の質」以上に重大な理由は、皆が**「クルマを使うようになったから」**というものだ。

そもそもこうした大型ショッピングセンターは、「郊外」につくられるのが一般的だ。

なぜそうなるのかといえば、それには広大な土地が必要だからだ。

どんな都市でも、その中心部には神社仏閣やお城などの歴史的な遺産をはじめとして、実に様々なビルや住宅、施設がつくられている。だから、大型ショッピングセンターをつくるような土地は、見当たらない。

ところが日本の郊外には、広大な田んぼや畑が広がっている。しかも、最近の「農業離れ」のせいで、こうした田んぼや畑を手放したがっている地主もすぐに見つかる。こうした背景から、大企業たちは日本全国で、郊外の農地などを買い占め、そこに大型ショッピングセンターをつくっていったのだ。

ただしもちろん、**もしも皆がクルマを持っていなかったとしたら**、郊外にショッピングセンターをつくったところで、ほとんど誰も来ることなどできない。人々は徒歩や自転車、あるいは、バスや電車で移動している限り、そんな郊外に、毎日買い物に行くなんてことはできないからだ。

ところが、**クルマさえあれば、簡単に郊外に行くことができる。**

しかも、街の中心部に行く場合、道が混んでいることも往々にしてある一方、郊外ならば

写真8　郊外型の大型ショッピングセンターの一例（写真提供：時事通信フォト）

そんな心配もほとんどない。

　だから大型ショッピングセンターの諸企業は皆、写真８のように、広大な駐車場をつくったのである。

　こうして、世の中の人々がクルマばかり使うようになってきたという時代背景に「便乗」するかっこうで、巨大駐車場と巨大ショッピングセンターを郊外につくりあげることで、その地方の人々の消費を、まるで「バキュームカー」のように暴力的ともいいうる圧倒的な力で吸い上げていったわけである。

　こうして、クルマ社会の進行と大型ショッピングセンターの全国展開があいまって、街の中心部のシャッター街化が進行していったわけである。

街が郊外へ広く薄く「溶けだしてしまう」

ところで、「皆がクルマを使うようになる」という現象、ならびにそれに付随して生ずる社会現象全般は、しばしば**「モータリゼーション」**あるいは**「クルマ社会化」**と呼ばれる。

そして、このモータリゼーションが進展すれば、あらゆる都市や地域の構造が、抜本的に変化していく。街の中心部・まちなかが「空洞化」し、様々な施設が、その都市の「郊外」へと、無秩序に拡散していく。一般に、こうした現象は**「郊外化」**といわれている（スプロール化といわれることもある）。

先に指摘した、「皆がクルマを使う」から、大型ショッピングセンターが繁盛し、まちなかの商店街がシャッター街化するという現象は、典型的な「郊外化」の現象だ。

これはもちろん、「大型ショッピングセンター」だけに限った話ではない。モータリゼーションが進行すれば、様々な商店、飲食店が、「道路」に沿ってどんどん郊外化していく。

写真9は、その典型的な風景だ。

一般に、こうした道路沿いに店を出す商売は**「ロードサイドビジネス」**といわれている。

このロードサイドビジネスもまた、地方都市の中心部のシャッター街化に大いに貢献してい

写真9　郊外の国道沿いの風景（写真提供：時事通信フォト）

るわけだ。

これと全く同じことが、「どこに住むのか?」という、住宅の立地についても起こる。

そもそも、「皆がクルマを使う」ようになれば、人々はまちなかや駅前に住まなくてもよくなる。そして、例えば写真10のような「郊外」の住宅地に居を構える可能性がどんどん高くなっていく。逆にいうなら、クルマを持っていない人はこうした郊外に住むことができない。だから必然的に「まちなか」や「駅前」に住むことになる。

だから、**モータリゼーションが進行すれば、人々の住まいは「街の中心部」から「郊外」へと、どんどん「郊外化」していく**ことになるのである。

そして、この流れを後押しするように、大資本は郊外で大規模な宅地開発を進めていった。こうした宅地開発と、人々のクルマ依存と郊外志向があいまって、写真10のような郊外型の住宅地が、全国各地に形成されていったのである。

こうして、モータリゼーションが進行すればするほどに、かつて鉄道の駅やお城などを中心にしっかりと**「コンパクト」**にまとまっていた街々が、氷が溶けていくように**溶けだし、薄く広く「郊外化」していく**ことになった。

言うまでもなく、かつての商店街はコンパクトにまとまっていた街の住民を対象につくられたものだ。しかし、郊外化した街では、商店街周辺の人口密度が減っているため、それだけでもう商売が厳しくなってしまう。しかも郊外には先にも指摘したような大型ショッピングセンターやロードサイドの商店が大量にあると同時に、人々は皆、クルマを使うため、買い物客はほとんど街の中心部でなく郊外に流れていくことになる。

つまり、モータリゼーションと郊外化した地方では、街の中心部の商店街がシャッター街化することが、ほぼ、宿命付けられているのである。

写真10　「クルマ」がなければどこにも行けないような郊外の住宅地の一例（写真提供：PIXTA）

クルマが「郊外化」を深刻化させる

こうしてモータリゼーション＝クルマ社会化が進行することで、街は「薄く広く郊外化」していくのだが、その逆の現象も起こる。つまり、**「郊外化した街」では、「皆がクルマを使うようになる」**という話だ。

そもそも、写真10のような地域に引っ越してきた人は、皆、クルマを持つ。ところが、駅前や街の中心部に住むなら、必ずしもクルマは必要ない。

実際、筆者は今、京都市のまちなかに住んでいるが、クルマを持っていない。なくても生きていけるからだ。近所の人たちでもクルマを持っていない人は多い。ところが以前、京都市内でも少し郊外に住んでいた時は、やはりクルマを持っていたし、周りの人たちも皆、クルマを持っていた。

だから、街がコンパクトであれば、自ずとクルマの依存傾向は低下する。そして逆に、薄く広く広がった郊外化した街では、人々のクルマの依存傾向は、自然と高まっていく。

データでこの点を確認してみよう。

日本中で最も「高密度な都市」が形成されている東京23区では、現在、すべての移動に占める、クルマでの移動の割合（一般に、自動車分担率といわれる）は、わずか11％にすぎない（平成20年時点）。つまり、東京の人たちの移動の実に9割が電車や徒歩だ。

一方で、全国各地で同様の調査を行なったところ、地方都市圏のクルマでの移動のシェアは、実に58％に上る（平成22年時点）。つまり、移動の6割がクルマなのである。しかもこれは「平日」のデータなのだが、「休日」に着目すると、クルマのシェアは72％にも上る。

つまり、**「郊外化」すればするほどに、人々のクルマ依存度は高くならざるをえなくなる**のである。もちろん、地方都市のさらに郊外になれば、その傾向はさらに高い水準となっている。

以上の議論はつまり、次のような「サイクル」があることを意味している。

図5 「モータリゼーション」と「街の郊外化」(シャッター街化)の間の、互いに強化していくスパイラル

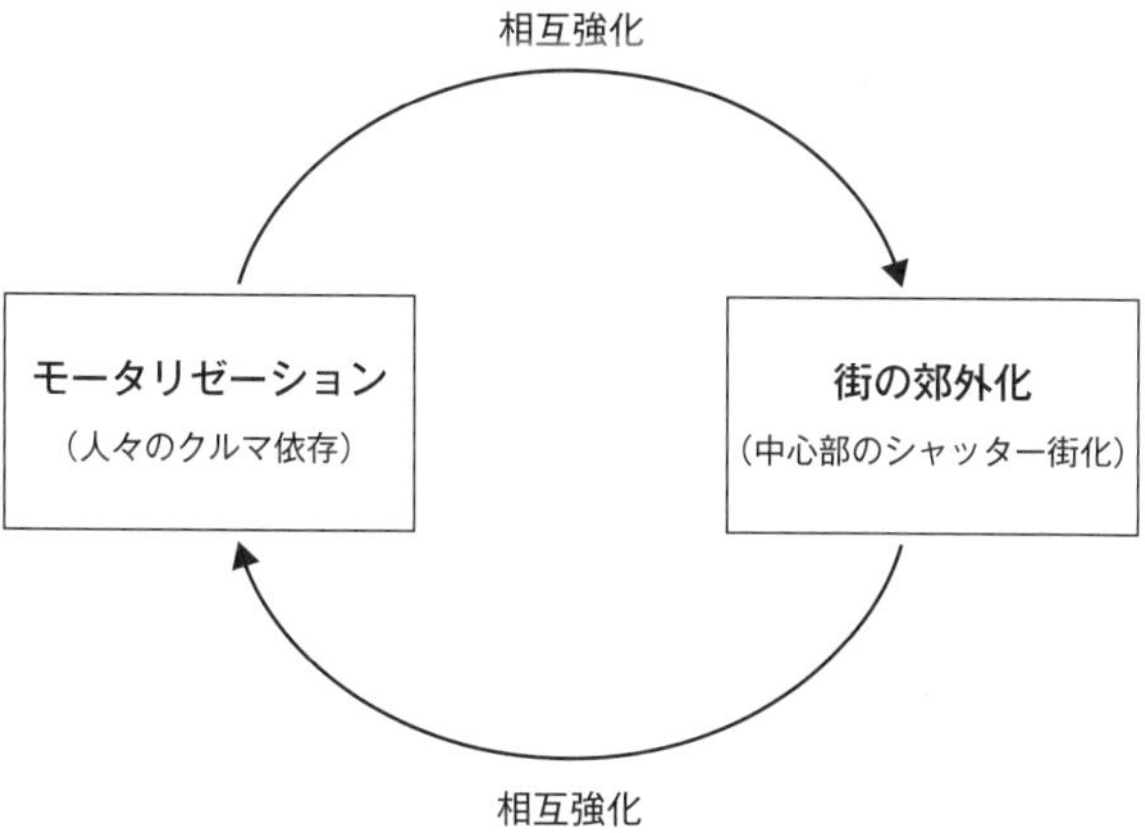

モータリゼーションが進行し、人々のクルマ依存度が高くなれば、街は郊外化していく。一方でそうやって街が郊外化すれば、モータリゼーションはさらに進行し、クルマ依存度はさらに高くなる。こうして「モータリゼーション・クルマ社会化」と「街の郊外化」は、図5に示したように相互に強化しあいながら、どんどん深刻化していくのである。

実際、地方都市の自動車分担率は、１９８7年では**40％**であったが、それから20年以上経過した２０１０年時点ではその約１・５倍の**58％**となっている。同時にそれと並行して、地方都市の「郊外化」は深刻化した。例えば10万～20万人規模の地方都市における、

「高人口密度」エリアに住む人々の数は、1975年からの約30年で**「半分」**にまで激減している。

つまり、地方都市は着実に**クルマ依存傾向が上昇していったと同時に、薄く広く広がっていく「郊外化」を進行させていった**のである。

公共交通の弱体化が大都市と地方の圧倒的格差を招く

このように、現代の地方都市は、激しく「郊外化」したのだが、それはすべて、モータリゼーション＝クルマ社会化があったからこそ、なのだ。地方がクルマ社会でさえなければ、日本中の街々が、鉄道駅やお城、港などを中心につくられた「都市構造」を、今もまだ維持し続けていたはずなのだ。ところがクルマ社会になったことで、その骨格はどんどん弱体化し、都市構造それ自身が溶けてしまい、郊外へダラダラと流れ出ていってしまった。

その結果もたらされたのが、「地方の衰退」だ。

以下、いくつかの節を使って、クルマ社会がいかに地方を衰退させていったのか、という客観的なプロセスを解説していきたい。

第一に、クルマ社会が進行し、かつ、郊外化していけば、バスや電車の客がどんどん減っていき、「赤字路線」となって、運行頻度がどんどん減っていき、最終的に「廃線」されていく。そうやって地方部のバスや電車はどんどんなくなっていく。つまり、**クルマ社会化が、郊外化とあいまって、地方都市のバスや電車などの公共交通を弱体化させていった。**

そもそも、電車やバスというビジネスは、人々がまとまって住み、まとまって活動する状況では、大いに黒字化する。一方で、郊外化した地方都市のように、人々がバラバラに住み、バラバラに活動する状況では、バスや電車は採算が極めてとりづらくなる。ましてやモータリゼーションが進み、クルマ依存が深刻化すれば、人々はバスや鉄道に見向きもしなくなる。

つまりクルマ社会が進行すれば、地方のバス会社や鉄道会社の多くは、結果的に倒産していく他なくなっていくのである。

実際、全国のバスの利用者は、現在、１９７０年頃のピークに比べて６割も減少した。バスビジネスは今や完全な**「斜陽産業」**だ。

ただし、そんなバスや鉄道の公共交通ビジネスでも、都会では十分に採算が合う。

実際、集中が進む大都会、とりわけ首都圏ではバスや電車の客がどんどん増えていった。例えば首都圏の山手線や郊外に向かう鉄道路線は客不足で困っているのではなく、客が増えすぎたことによる激しい混雑が悩みの種になっているほどだ。

こうした状況を受けて、首都圏では戦後、何十年にもわたって新しいバス路線、鉄道路線がどんどんつくられていった。

こうしたプロセスを経て、**今や東京は、文字通り、世界一の鉄道ネットワークを持つ街となった。**ニューヨークよりもパリよりもロンドンよりも、東京の電車ネットワークの密度は断トツで高い。こうなれば、もう誰も普段の移動でクルマを使わなくなる。だから先にも指摘したように、東京23区内では、すべての移動のたった1割にしか、クルマは使われていない。言うまでもなく、このクルマ依存度の低さがまた、バスや鉄道ビジネスの収益性を、さらに高めている。

こうやって、大都市と地方とで、公共交通の利便性に圧倒的な格差が開いていったのである。

地方都市の中心部は「投資」どころか「撤退」の対象となっている

あらゆる街の発展は、「投資」によって導かれる。今、繁栄している東京の六本木にせよ銀座にせよ、政府が鉄道をつくり、道路をつくり、民間がビルを建て、店をつくっている。

こうした行為はすべて、官や民による「投資」行為だ。そして、こうした投資によってできた様々な都市施設が、その街の魅力を作りあげ、多くの人々がやって来るのである。

一方、クルマ社会が進行した地方都市の中心部には、ほとんど誰も投資しない。それどころか、それとは正反対に**「撤退」**し始める。先に、バス会社や鉄道会社が、地方都市ではビジネスが成り立たず、路線を廃止していく、と指摘したが、それはまさに「民間の投資」とは正反対の「撤退」現象だ。また、「シャッター街」という現象も同様に、民間の商店主たちの「撤退」を意味している。

いずれにせよ、クルマ社会が進行すれば、人々はこれまで何十年、何百年という歳月をかけてそれぞれの地で、それぞれの地元の人たちが投資して作りあげてきた「まちなか」に投資をすることをやめ、それとは正反対に「撤退」し始めていくのである。

こうなれば、「まちなか」はますます、その魅力を失っていき、ますます人が離れていく。

このようにして、クルマ社会が進む今日、大都会は巨大な投資が繰り返されてますます「魅力的」になっていくと共に、地方都市は投資どころか「撤退」が繰り返され、その**「魅力」を急速に失っていった**のである。

魅力も仕事も減って、人がどんどん流出する

こうやって地方都市がどんどん「魅力」を失い、大都会がどんどん「魅力的」になっていけば、当然人は、地方から都市へと移り住むようになる。

つまり、人々、とりわけ「若者」たちは、**電車もないバスもほとんど来ない、買い物することすらままならない不便な「田舎」よりも、いろいろな店やレストランがたくさんあって、電車が便利な「大都会」に魅力を感じ、引っ越していった**のである。

しかし、クルマ社会化、郊外化に伴う「街の魅力の喪失」以上に深刻なのが、**「雇用の喪失」**である。

先に、クルマ社会の地方都市では「民間が投資をしなくなり、撤退していく」ということを指摘した。これは直接、「雇用を喪失している」ことを意味している。例えばシャッター街化すれば、もうそこでは働けない。バス路線、鉄道路線が撤退すれば、そのための運転手も事務員も皆必要なくなる。

一方で、大都会で投資が繰り返されれば、そうやってできた店やオフィスを運営するための雇用が生み出されることとなる。

かくして、地方都市での投資が縮退し、民間撤退が繰り返される郊外化が進行したクルマ社会では、地方都市はどんどん雇用を失っていく。

これが、**地方から都会への人口流出における決定的理由**となる。

大都会に都市の魅力があることを知りながらも、何とか地元の生まれ故郷で生きていこうとする若者たちでも、仕事がなければ仕方なく、都会に行くしかなくなってしまう。

こうした街の中心部の衰弱が、デフレ下で衰弱していった当該地の農業や工業の衰退とあいまって、それぞれの地方の雇用を縮小させ、人口流出を加速させていったのである。

大型ショッピングセンターが「地域マネー」を激しく流出させる

クルマ社会によって地方から流出していくのは何も「人」だけではない。

地域の「マネー」も激しく流出していくことになる。

もちろん、人の流出によって人口が減れば、地域全体の消費も所得も減っていく。その意味において、人の流出がマネーの縮小をもたらすことは間違いないが、それとは別のメカニズムでもって地方から大量のマネーが流出していくことになる。

そもそも、クルマ社会となる前の「商店街」で働く人は基本的に皆、地元の人たちだ。彼らは地元に税金を支払っている。しかも、そのお店で取り扱う商品も、大規模店舗よりは地元の商品を取り扱うことが一般的だ。しかし、クルマ社会によって誕生し、発展していった大型ショッピングセンターでは、地元雇用ばかりではなく、「本社」から派遣されてくる社員も多い。もちろん、彼らは税金をその地域の「外」で支払う傾向が強い。そして取り扱う商品も、その地域のものだけでなく、日本中、世界中から集められてくる。

さらにいうなら、大型ショッピングセンターでは「パートタイマー」の雇用が大半だが、彼らの給料は、商店街の「常勤」の商店主たちよりも低い。しかも、大型ショッピングセンターは、何もかもが「効率化」されているため、抱えることができる雇用それ自体も少ない。かくして、大型ショッピングセンターが幅を利かせるようになると、地元の人々に支払われる「給料」の総額それ自身が、大きく低下する。

結果、同じ商品を買うにしても、大型ショッピングセンターで買ったときに地元に還元されるオカネは、「地元」の商店街などの地元商店で買ったときに地元に入るオカネよりも「少なく」なっていく。

この点を確認すべく、京都と岡山の二つの地域で調査を行なったところ、まさにそういう傾向がはっきりと示される結果となった。

図6　生鮮食料品を買った時の出費が、「どこに流れていくのか」(京都および岡山の事例。買い物場所別)

《京都市の場合》

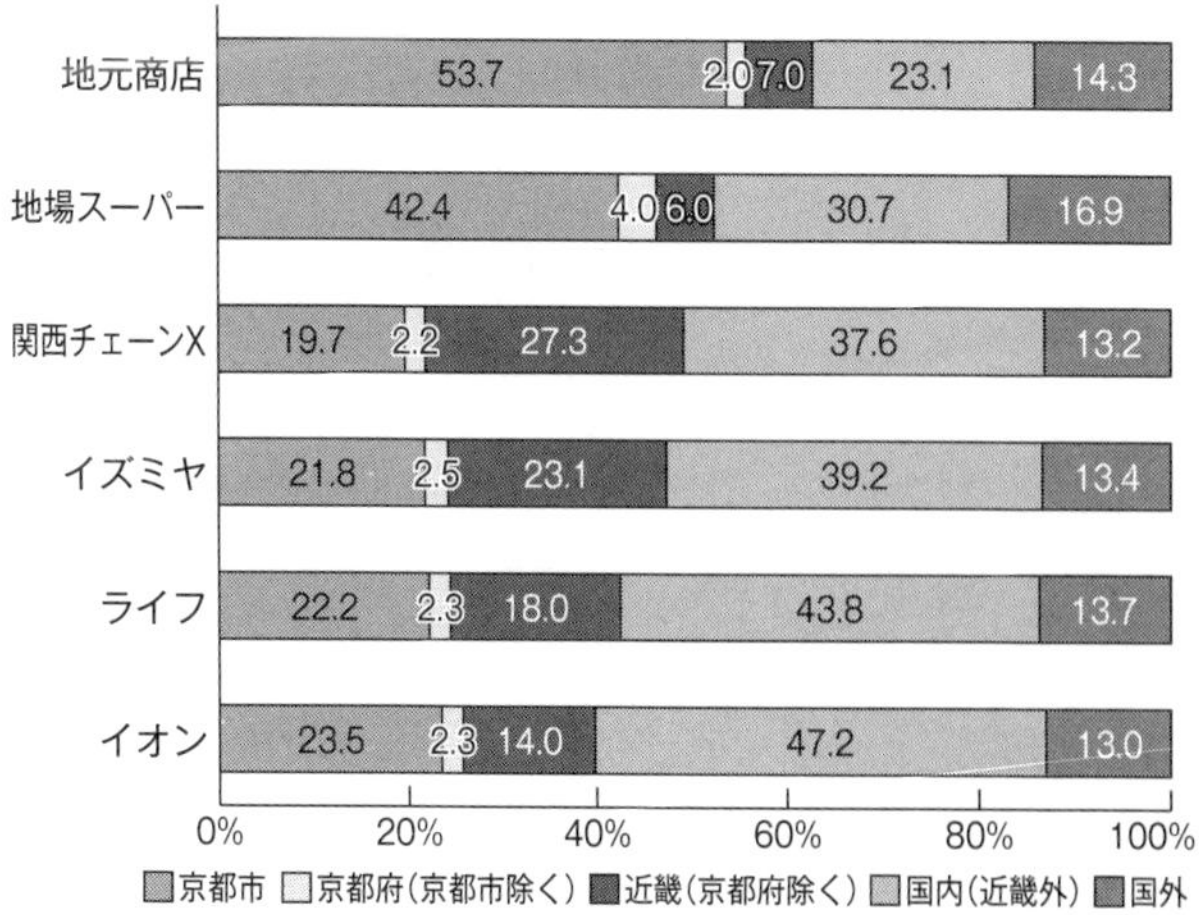

出典：宮川愛由・西広樹・小池淳司・福田峻・佐藤啓輔・藤井聡「消費者の買い物行動時の選択店舗の相違が地域経済に及ぼす影響に関する研究」土木学会論文集 D3(土木計画学), 72(5), pp. 393-405, 2016.

《岡山市の場合》

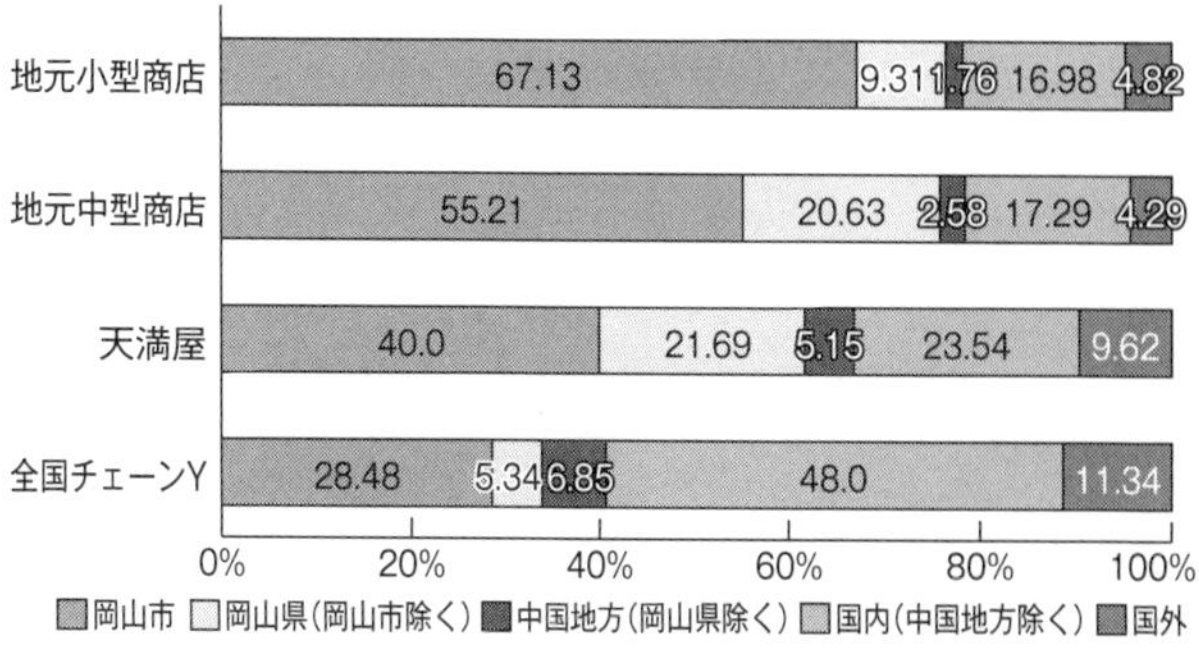

出典：長谷川貴史「消費行動における選択店舗の相違が地元経済に与える影響に関する研究」京都大学工学部地球工学科平成28年度卒業論文

まず、京都で行なった調査では、1万円の生鮮食料品を買った場合、それが「地元商店」であればおおよそ5300円が「地域」の人々に戻ってくる一方、「全国チェーン」の場合、「地域」に戻ってくるオカネはたった2000円程度にすぎなかった（図6参照）。

つまり**商店街で買い物をした場合、地域外に流出するオカネは支払いの半分以下の4000円台に抑えられる**一方、**全国チェーンのスーパーで買い物をしてしまえば、地域の外に実に支払いの大半である8000円程度も流出**してしまうのである。

同様の傾向が、「岡山市」でも見られた。図6に示したように、岡山市の場合は、**地元商店でオカネを使った場合、その7割近くもが地元に還ってくる**一方、**チェーン店で使えば、3割弱しか戻ってこない。**

ここで、クルマ社会が進行した郊外化した地方都市では、多くの人々が地元商店ではなく、郊外の大型ショッピングセンターをはじめとした「大資本」が経営する店で買い物をする現状があることを思い起こしてほしい。この点を加味すれば、クルマ社会が、次のようなマネーの流れを生み出している、という姿が浮かび上がる。

すなわち、クルマ社会の中で地方の**人々がクルマ依存のライフスタイルを深化させていけばいくほどに、大型ショッピングセンターが繁盛し、結果、自分たちが一生懸命稼いだカネ**

を地域外へと激しく「流出」させることになるのである。

言うまでもなく、こうやってマネーが地域外に流出していけば、その地域のあらゆる商店やビジネスに流れていくマネーが縮小し、地域産業はさらに縮小し、地域の人々の所得はさらに低下していく。つまり、大資本の大型ショッピングセンターを通した地域外へのマネーの流出は、地域の衰退を直接導いているのである。

しかし、これはよくよく考えれば、至って当たり前の話だ。なぜならそもそも大資本が地方都市に「投資」をして、大型ショッピングセンターをつくるのは、何も慈善事業でやっているわけではなく、それが「ビジネス」として有利と考えているからにすぎないからだ。つまり、あくまでもそれは**「カネ儲け」**の手段なのだから、それぞれの地域のマネーを「バキュームカー」のように吸い上げる「ため」に、全国各地に大型ショッピングセンターを立地させているのだ。だから、地域の人々が、大資本がつくった大型ショッピングセンターで、「安くて便利、品揃えも素晴らしい！」とばかりに喜々として買い物すればするほどに、自分たちの地域からマネーが吸い上げられていくことになるのも、当たり前なのである。

しかし、残念なのは**この「真実」に多くの人々は気付いていない**という点だ。

そもそも、筆者がここで紹介したような調査を行なったのは、こういう視点で分析をしている研究があるかどうかを調べたところ、誰もやっていなかったからだ。つまり、ここで紹介している分析結果は、かつては誰もハッキリと理解していなかったのである。

しかし今は既に、「大資本がつくったチェーン店への出費が、地域外にマネーを流出させている」ということが、このデータで明らかになっているのだ。だから少なくとも本書読者には、**チェーン店でカネを使えば使うほどに、地元が疲弊していく**――という一点をぜひご記憶いただきたいと思う。

何十年、何百年前から作りあげられた「地域コミュニティ」の崩壊

クルマ社会が導く郊外化は、こうやって地域の「経済」を衰弱させているのだが、言うまでもなくそれと同時に、地域の「社会」も衰弱させる。

その典型例が、地元の商店街だ。シャッター街になってしまえば、その商店街組合は衰弱する。同様に、地域経済が疲弊すれば、地元の各種の産業コミュニティも衰退していくことになる。

ただし、もちろん「郊外化」に直撃され、直接的に崩壊していく最大の地域コミュニティは、住まいを中心とした**住区の「コミュニティ／共同体」**だ。

「郊外化」とは、一面において「まちなか」からどんどん郊外の住宅地へと移り住んでいく現象だが、「まちなか」よりも「郊外」の住宅地の方が、圧倒的にコミュニティ／共同体が希薄だ。だから**郊外化すれば必然的に、コミュニティ／共同体は弱体化する**のである。

そもそもまちなかは、何十年、場合によっては何百年も前から作りあげられた、伝統的地区だ。だから、人々はそこに安定的に住み、濃密なコミュニティ／共同体が形成されている。同じところに同じ家族がずっと住み続けていれば、小学校や中学校の同級生や先輩後輩たちが、大人になっても同じ場所に住み続けるわけだから、自ずとコミュニティは濃密になる。しかもそんな地域では、様々な商店や大工、左官屋《さかんや》、建具屋などの職人たちも住みつつ、その地区の人々を対象とした生業を営んでいる。つまり、日本中の各都市のまちなかには、**「職住近接・職住混合」**のエリアが作りあげられており、そうした商売上のつきあいによって、ますますコミュニティは濃密化されていったのである。

ところが、郊外の住宅地は、もともと何もないところにつくられる「ニュータウン」だ。

そんな地区には、様々な場所から見ず知らずの他人同士が寄せ集められて住み始める。仕事も何をやっているかわからない。せいぜい、子供の幼稚園や小学校などを通して、かろうじてつきあいは始められるが、その程度。子供の年齢が違っていたり、私立の学校に行かせたりすれば、さらにつきあいはなくなってしまう。しかも、郊外居住者はほとんど、その住区とは別の場所での勤め人だから、「まちなか」のように商売や職人の仕事などを通してつながりあうこともできない。しかも、「マンション」の場合には、「廊下」でつながっているだけの隣近所への関心はさらに低下し、コミュニティはさらにさらに希薄化する。

そうなると、住民同士の助け合いもなくなり、互いに無関心化し、**「老人の孤独死」**や**「郊外型犯罪」**（実際に様々な猟奇的な事件が起きている）などの、現代的な病理的社会問題が生み出されていくことになる。さらに、隣近所に誰が住んでいるのかすらわからなくなれば、地震災害などがあった時の「助け合い」も不可能となり、地域全体の防災力も失われていくことになる。

つまり、モータリゼーションは、結果的に地域のコミュニティの崩壊を導き、地域社会そのものを根底から混乱に陥れていく帰結をもたらすのである。

やはりクルマ依存者は「地域愛着」が薄い

こうしてクルマ社会のせいで住宅が郊外化した都市では、コミュニティはどんどん消滅していくため、必然的に**人々の「地域愛着」も衰弱**していくことになる。

**図7　クルマ依存者と非クルマ依存者の
それぞれの地域（風土）との接触度**

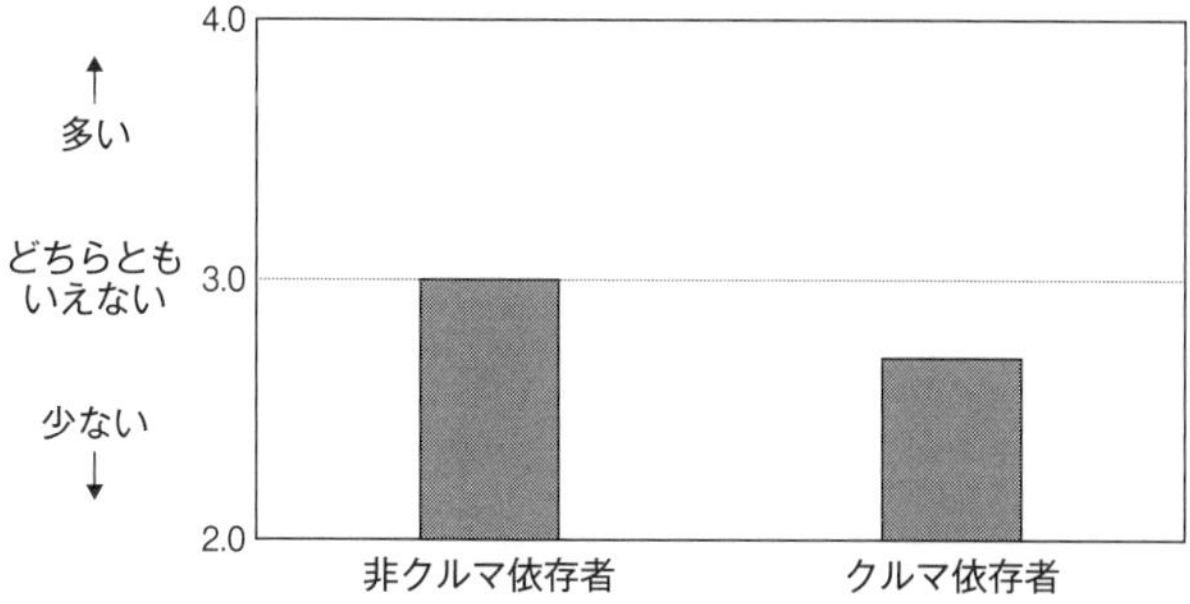

※地域（風土）との接触は、「鳥や虫の鳴き声を聞くこと」「道ばたに咲く花や土など、自然のにおいをかぐこと」などがどの程度多いのかを1～5の5段階で調査し、その平均値として尺度化。またクルマ依存者は、すべての手段の中でもっとも使う頻度が高い手段がクルマの226名。非クルマ依存者はそれ以外の人々（84名）

出典：萩原剛・藤井聡「交通行動が地域愛着に与える影響に関する分析」土木計画学研究・講演集, 32, 2005

しかも**「地域愛着」は、クルマを使えば使うほどさらに衰弱していく**ことも実証的に明らかにされている。

筆者らの研究によると、クルマを利用する人は、自分が住んでいる地域の様々な自然やコミュニティなどの「地域」環境と「接触」することが少なくなってしまう。具体的にいうなら、クルマをよく使う人（クルマ依存者）は、

- 鳥や虫の鳴き声を聞くこと
- 道ばたに咲く花や土など、自然のにおいをかぐこと
- 屋外の空気に触れること
- 地域の人々と挨拶する機会
- 地域の人々と話をする機会

が「少ない」ということが統計的に示されている（図7参照）。

そもそも「クルマ」という乗り物は、個室のような「箱」ものだ。だから、いったんクルマに乗ってしまえば、鳥や虫の声を聞いたり、花や土のにおいをかいだりすることもできなくなる。もちろん、地域の人と挨拶することも話をすることもできない。ところが、歩いていれば、自然に触れたり、近所の人々と顔をあわせたりする機会を得ることができる。電車やバスを使う場合でも、駅やバス停に行く道すがら、地域の自然やコミュニティに接触する機会を得ることができる。

つまり、**クルマばかり使っている人々は、「地域」から隔絶されてしまうわけである。**いわばクルマは、移動しながらにして、地域社会からプライベートな空間へ逃げ込む**「引きこもり装置」**でもあるわけだ。

一方、人間の原始的な心理メカニズムにより、「触れるものを好きになる」という傾向があることが知られている。一般に、こうした傾向は、心理学では**「単純接触効果」**といわれているが、親子間の愛情や友だち同士の愛情、物への愛着などはすべて、この単純接触効果が深く関わっている。それゆえ、クルマに依存していない者は、「地域」と接触する機会が頻繁にあるので地域愛着が深くなる一方、クルマ依存者は逆に「地域」との接触機会が薄い

図8　クルマ依存者と非クルマ依存者のそれぞれの「地域愛着」

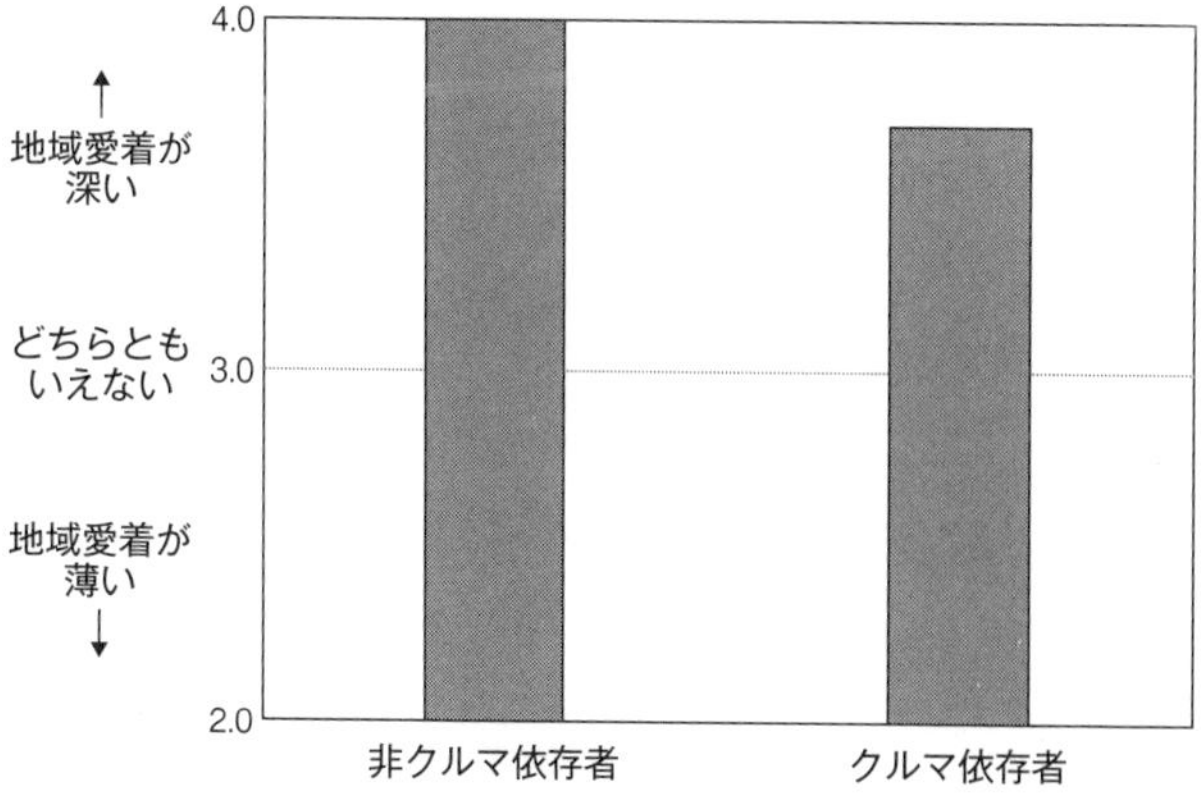

出典：萩原・藤井(2005)

ため地域愛着が希薄となるのである。

　この点を確認するために、まず「地域との接触量」が高い人々ほど「地域愛着」の値が高くなっているか否かを統計的に確認したところ、そうした傾向がはっきりと示された（そうした傾向が存在しない確率は、０・１％にも満たないほどにありえないということが示された）。

　そして次にクルマ依存者とそうでない者との、それぞれの地域愛着の平均値を求めたところ、図８に示したように、**クルマ依存者たちの方が「地域愛着」がやはり薄い**という結果が示された。

　すなわち、これらの結果より、以下のメカニズムを通してクルマ依存者の地域愛着度が低下することがわかった。

①クルマをよく使うクルマ依存者は、「地域」との直接接触が少なくなる
②「地域」との接触が少なくなると、人々は地域愛着が減退してしまう
③その結果、クルマ依存者は、地域愛着が薄くなってしまう

このように、クルマ社会が進行した状況では、地域コミュニティが希薄化されると同時に、人々が地域とふれあう機会を失い、地域愛着が必然的に減退していくのである。

こうした、一人ひとりの住民の「地域愛着の減退」は、その地域社会に深刻な問題を生み出していく。

まず、地域愛着の薄い人は、地域をよくしていこうとする「まちづくり」に無関心となり、地域全体のために役立つ取り組みが全然進められなくなっていく。「シラケ」気分が蔓《まん》延《えん》し、地域ぐるみの掃除やまちおこし、祭りや運動会などの自治会活動などが、必然的に停滞していく。

さらには「政治的」な問題、とりわけ「自治」において深刻な問題が生じていくことになる。

そもそも郊外のコミュニティが希薄な地域に住む「地域愛着」の薄い人々は、地域に対して真剣にモノを考えない。だから地域の経済社会に害悪をもたらす危険な「刺激的な行政政策」が支持されるようになっていく。つまり、地域愛着度の低い社会では、自ずと「ポピュリズム」が蔓延していくことになる。

例えば、大阪市民を対象とした藤井らの研究によれば、地域社会を崩壊に導く改革政策を支持する人々は、伝統的コミュニティが希薄な都市部やニュータウン部においてとりわけ高いことが示されている（薬師院仁志「都市居住者と社会的統合」『大都市自治を問う』学芸出版、２０１５）。

クルマ社会では、こうしてコミュニティも地域愛着も希薄化し、結果、様々な社会的な活動が衰弱し、地方政治、すなわち「自治」も劣化していくのである。

広く薄い都市化と税収減で「行政サービス」が劣化する

このようにクルマ社会が進行すれば、地方部における地域経済も地域社会も減退していくのだが、それらにあわせて「行政」の水準も低下していくことになる。

そもそも、地域経済が衰退すれば**税収が縮小し、自治体が十分な行政サービスを提供することが困難**となる。同時に、先に指摘したように地域社会が減退すれば、自治体は、行政全体を持続的に豊かにする行政活動の世論支持が得られなくなり、民主制の中では結果的に「行政サービスが劣化」していくことにもなる。

しかも、クルマ社会の中で（家族も含めたあらゆる）コミュニティ・共同体が希薄化しているため、家族同士、住民同士の「助け合い」（いわゆる、共助）が減退する。そうなればそれまで様々なレベルのコミュニティが担っていた老人ケアや保育サービスなどを、行政が「肩代わり」せざるをえなくなる。結果、**クルマ社会の帰結として、地方部における介護や保育についての行政サービス需要が肥大化**することになる。

さらには、都市が郊外化し、かつて人が住んだり商売をしたりしていなかったエリアにまで都市が薄く広く拡大してしまえば、行政は、下水や上水、道路などのインフラサービスを提供しなくてよかったエリアにまでそれらを提供せざるをえなくなってくる。

結果、**インフラについての行政サービスも肥大化**することになる。

さらには、クルマ社会化の進行で、郊外部で電車やバスが廃止されていった地域に今、大量の「老人たち」が取り残される状況となっている。こうした問題は、**「交通弱者」問題**と呼ばれているが、彼らは今、仮に健康であっても、普段の買い物すらままならない状況となっている（この問題はしばしば、「買い物難民」問題と呼ばれている）。彼らの暮らしを支える交通をどうやって提供するか、という**「交通・福祉問題」**が今、地方自治体の頭痛の種になっているのである。その結果、彼らの移動を支えるために、何らかの公共交通のシステム（コミュニティバスやデマンドバス、公共的なタクシーシステムなど）を、地方自治体が、公的資金を投入して導入せざるをえなくなっている。

このように、クルマ社会が進行すれば、地方自治体における税収などが縮小していくのと同時に、行政サービスが拡大するという、自治体運営が著しく困難な状況に立ち至る。

無論、そのしわ寄せはすべて、住民に降りかかる。

つまり、**住民1人あたりに提供される行政サービスレベルが低下**してしまうのである。

言うまでもなく、こうした行政サービスレベルの低下もまた、地方からの人口流出を加速する原因となる。

例えば、首都圏だけに限っても、東京都は裕福な税収がある一方、それ以外の周辺県にはそれだけ豊富な税収はない。結果、東京においてだけ「年収750万円程度の人まで、子供の高校授業料が無償化される」という制度が導入されている一方、それ以外の周辺県では、その750万円の3分の1程度のかなりの低所得者層だけが高校がタダになる。千葉県、埼玉県、栃木県や群馬県は首都圏といっても広大な「郊外」地域を抱えており、東京都のように効率的に税収が得られないからだ。

結果、今起こっているのは、**「東京が周辺県から高校生を吸い上げる」**という現象だ。こうしてますます、クルマ社会が進行すればするほどに、地方は疲弊し、都会は豊かになり、地域間の格差は拡大していくのである。

肥満リスクは1・5倍——「健康」を蝕み「医療費」を増加させる

このように、クルマ社会が進展すれば、地域経済や地域社会、そして、地方自治体の行政に様々な問題が生ずることになるのだが、クルマ社会の問題は、そうした「マクロ」な問題にとどまらない。

クルマ社会における、私たちのクルマ依存のライフスタイルは、着実に私たちの「健康」も蝕《むしば》んでいる。

考えていただきたい。

クルマを使っていなければ、買い物や仕事に行くのに、バス停に行ったり駅に行ったり、

図9　同一目的地に公共交通とクルマで行った場合に必要となる消費カロリー

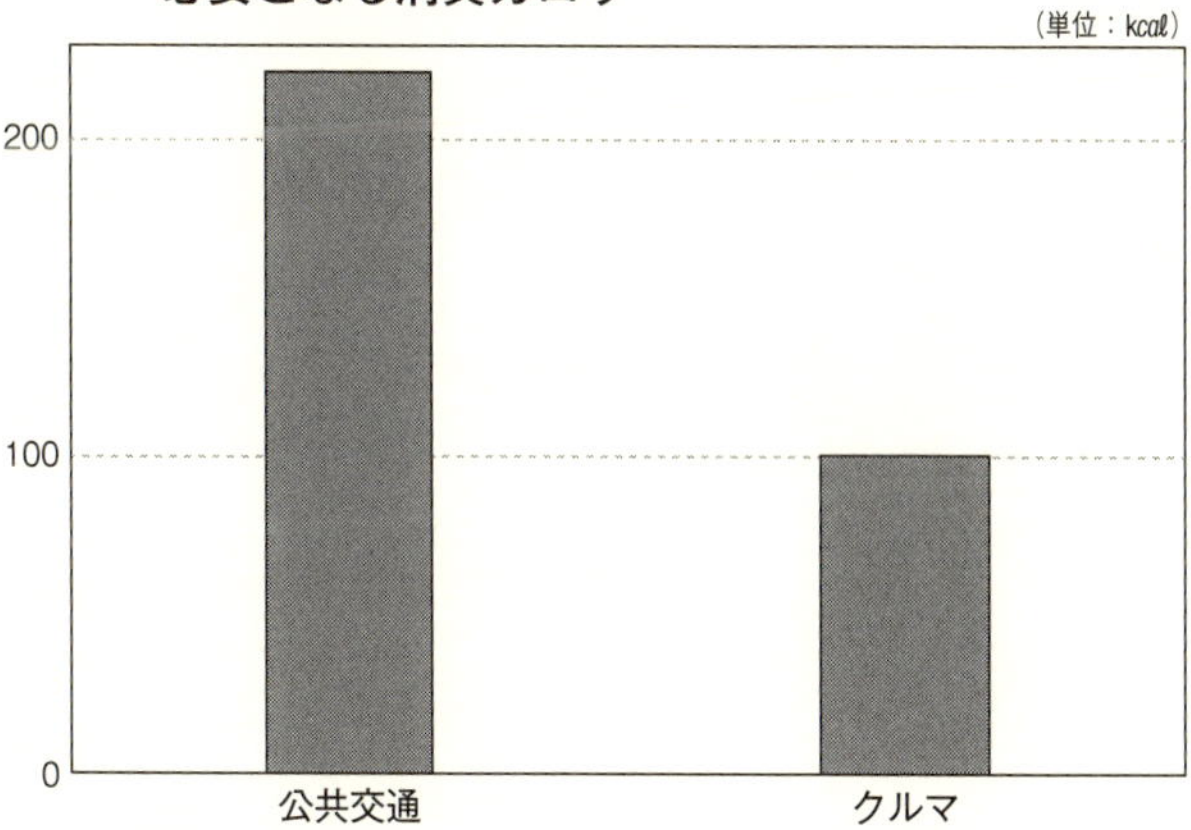

出典：日本モビリティ・マネジメント会議ホームページ（15km離れた目的地に１往復した場合の消費カロリー）

必ず「歩く」ことが必要となる。それは現代人にとってかけがえのない「運動」の機会となっている。

　ところが、クルマに乗っていれば、目的地間際の駐車場まで、クルマで行くことができる。だからクルマばかり使う暮らしでは、歩くことがほとんどなくなってしまう。

　結果、クルマを使えば使うほど「消費カロリー」が少なくなる。

　図9をご覧いただきたい。

　これは、同一の目的地に（特定条件の下で）クルマで行った場合と公共交通（バス、電車）で行った場合に、往復で消費するカロリーがどの程度になるかを計算したものだ。ご覧のように、クルマで行った場合、公共交通で行く場合の半分以下のカロリーしか消費しない。両者の差の１００kcal超といえば、軽いごはん一杯分だ。

つまり、クルマを毎日使っている人は、そうでない人に比べて、毎日軽いごはん一杯分、余分にカロリーを摂取していることと同じような効果がある、ということだ。

こうした移動を毎日続けていれば、当然、「体重」が変わってくる。チリも積もれば山となる、だからだ。

実際、首都圏の通勤者を対象に、通勤手段と肥満か否かを調査した結果、図10に示したように両者の間には明確な関係があることが明らかにされた。

すなわち、クルマ以外で通勤している人々の肥満率は2割弱である一方、クルマ通勤者の肥満率は3割弱という水準に達していたのである。つまり、**クルマで通勤するようになれば、肥満になるリスクは1・4倍から1・5倍程度にまで膨れあがってしまう**のである。

こうした傾向は、国際比較研究でも明らかにされている。

図11は主要各国の「肥満率」と「自動車以外の分担率」を示したグラフだ。

ご覧のように、クルマ以外の利用率が5％しかない、という超絶なクルマ社会のアメリカでは、肥満率は実に30％を超えている。同様に、カナダも比較的自動車依存の傾向が強いと

図10　通勤手段と肥満率

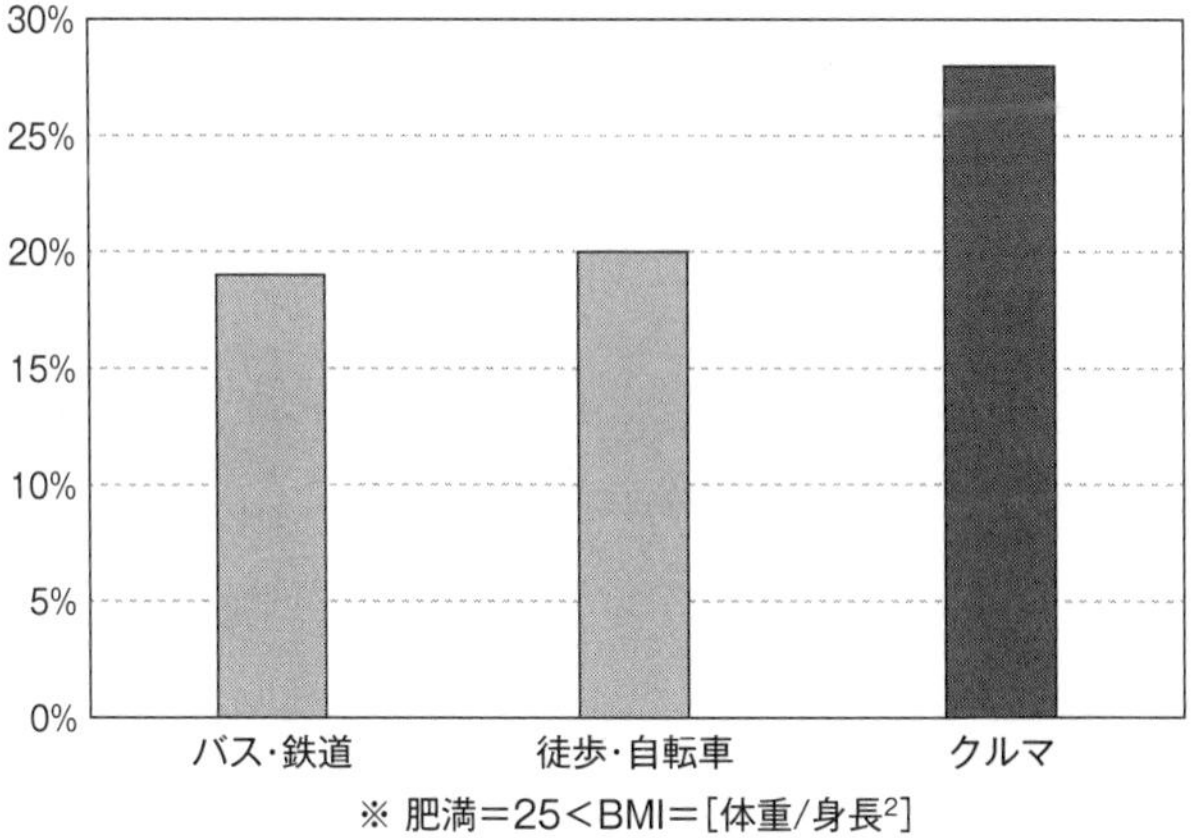

出典：村田香織・室町泰徳「個人の通勤交通行動が健康状態に与える影響に関する研究」(2006)
土木計画学研究・論文集23, pp.497-504

図11　肥満率と交通手段（国際比較）

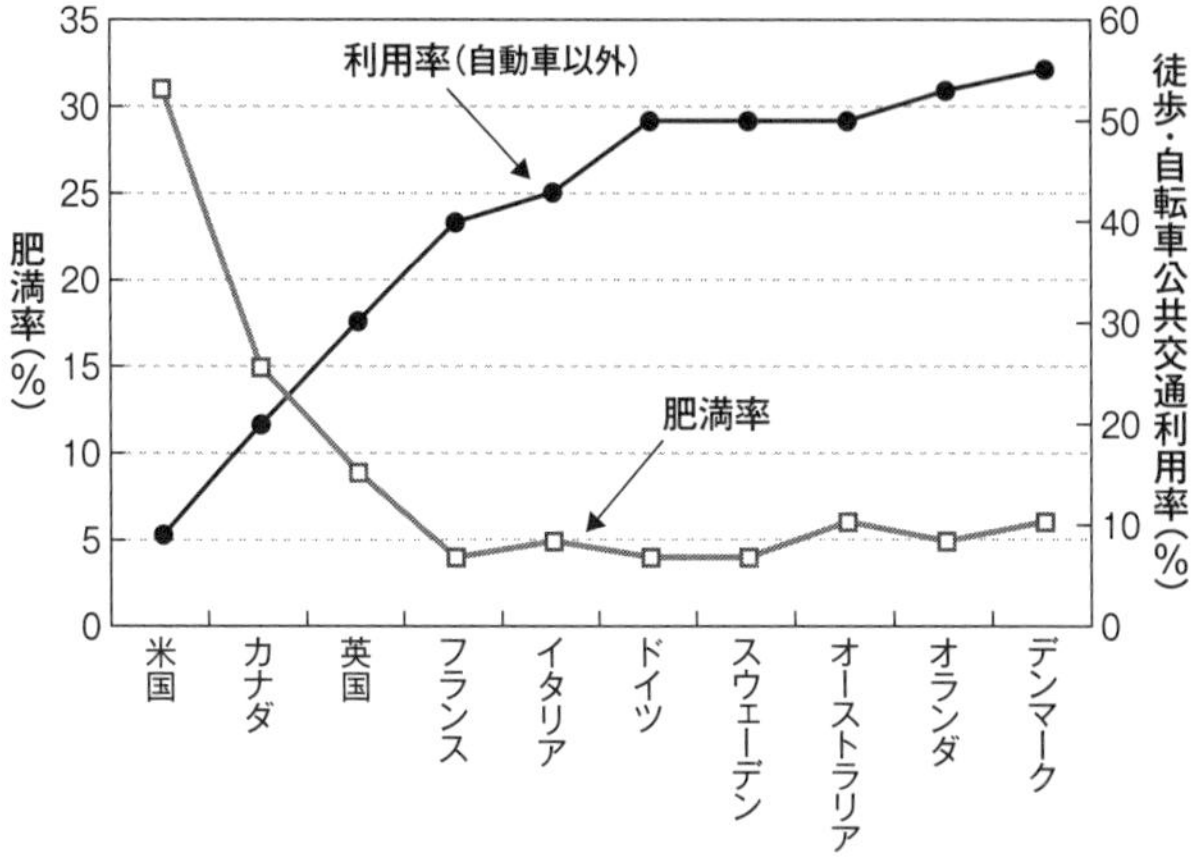

出所：S. Hanson and G. Giuliano (eds.) 2004. The Geography of Urban Transportation: Third Edition

同時に、肥満率はそれなりの水準にある。しかし、クルマ依存傾向が低い国々では、肥満率は圧倒的に低い水準となっている。

つまり、日本人であろうが外国人であろうが、クルマに依存してしまえば歩かなくなって

肥満化してしまうのである。

そして「肥満」はもちろん、万病の元。だから、クルマに依存すれば、ダイエットの点から問題だということの他に、健康を害するリスクを高めてしまう。

実際、そうした視点から行なった筆者などの分析（全国の市町村の交通の状況と健康リスクのデータの関連についての分析）によれば、自動車をよく使うエリアほど、

- 急性心筋梗塞
- 心不全
- 脳梗塞

のリスクが（統計学的に）高く、そして、何らかの原因で死亡するリスクもまた、自動車をよく使うエリアほど高くなっている（長谷川正憲「交通行動・交通環境が健康に及ぼす影響に関する研究」2017年度京都大学大学院工学研究科都市社会工学専攻修士論文より）。

こうしたデータが様々に報告されてきたことから、最近では医学と交通計画の間の共同研

図12　自動車分担率(クルマ依存率)と1人あたりの医療費の関係

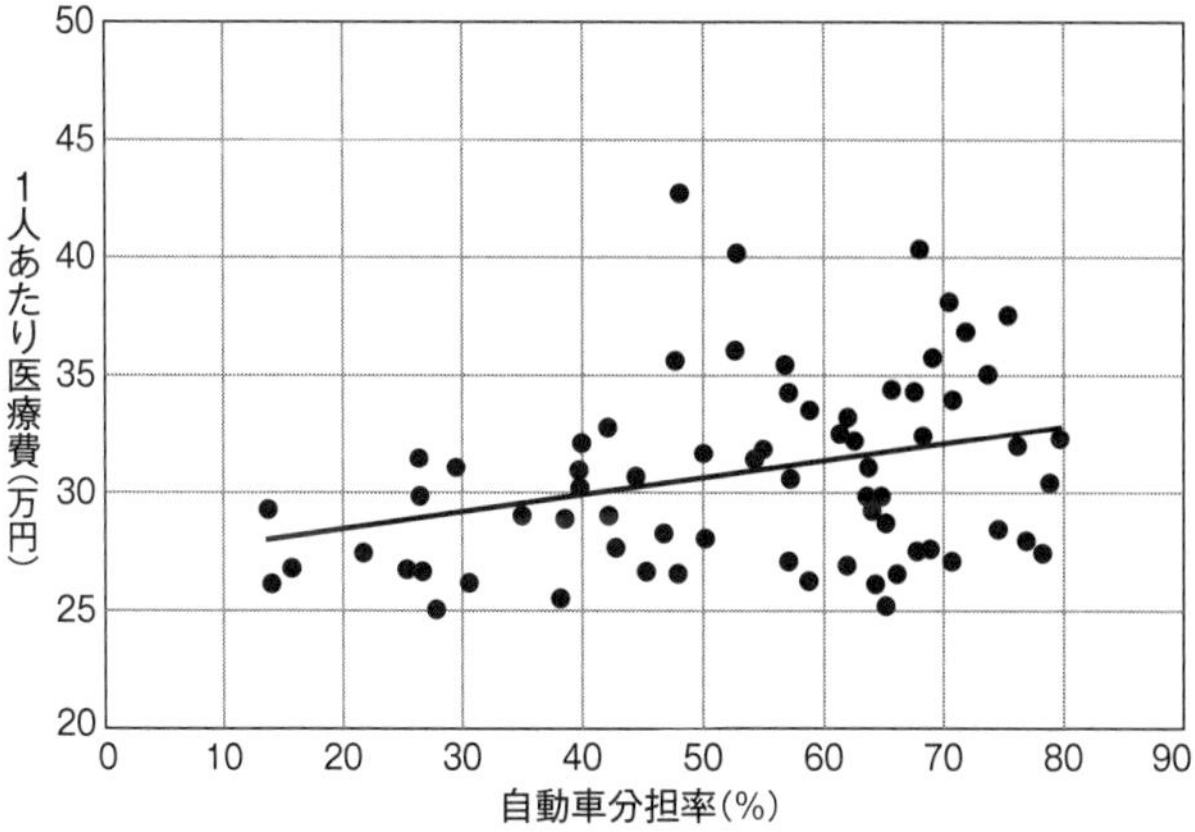

出所：自動車分担率：全国都市交通特性調査集計結果(平成22年度), 国土交通省
　　　1人あたり医療費：医療費の地域差分析(基礎データ:平成22年度), 厚生労働省

究も盛んに始められるようになってきており、人々の健康を維持していくためには過剰なクルマ社会の是正が必要だ、という議論が、一般化しつつある。

こうした議論を「行政」の視点からいうなら、次のような結論が導かれることとなる。

つまり、クルマ社会が進行すれば、ほとんど歩かなくなっていくので、住民が不健康になってしまって、**公的な医療費も膨らんでしまう**。

この点を確認すべく、全国の主要自治体における「1人あたりの医療費」と「自動車分担率（クルマの依存度）」との関係を確認したところ、図12に示したように、両者の間に統計的に意味のある相関があることが示された。

すなわち、クルマ依存度が高い自治体ほどやはり、1人あたりの医療費が高いのである。

平均的なおおよその傾向でいうなら、クルマにあまり依存していない自治体（依存度が20%前後）の医療費は1人あたり27万円程度だが、クルマに強く依存している自治体（依存度が80%前後）では33万円程度。その差は実に6万円。これを人口30万人あたりに換算するなら、実に年間180億円となる。その行政負担率が8割程度だとすれば、（30万人規模の）**クルマ依存の自治体は、クルマ依存であるということが原因で年間140億円以上もの大量の余分な医療支出を余儀なくされている**のである。

ここでもし、**クルマ依存度を20%でも削減できれば、公的な医療費支出を年間で50億円弱も抑制することができる。**つまり、「脱クルマ」は自治体の公的支出の抑制に貢献するのである。

いずれにせよ、先の節にてクルマ社会が進行すれば、インフラや保育、介護についての公的支出が増えていくことを指摘したが、それに加えて「医療費の増大」もまた、自治体にもたらされるのである。

もちろん「医療費」は、その他の支出項目よりも優先的に支出される。法的に定められた支出だから、行政の裁量で削れないからだ。だから、医療費が増大すれば必然的に、インフラや保険、介護などの項目がどんどん削られていく。結果、クルマ社会による１人あたりの行政サービスの劣化は、さらに激しく進行することになる。

「クルマを捨ててこそ地方は甦る」ことの基本的メカニズム

クルマの依存率が６割や７割を超えるクルマ依存の都市や地域が全国に広がっている今日、多くの地方の人々はクルマがなければ、通勤や買い物もできなくなってしまう。だから多くの地方都市のあらゆる経済活動、社会活動にとって、クルマは不可欠な存在だ。

しかしだからといって、クルマを野放図に使い続ければ、地方の疲弊はさらに進行してしまう、というよりもむしろ、**今日の地方の衰退を導いている本質的原因こそ、人々の「クルマ依存」である**――ということを、様々な実証データに基づいて多面的に論じてきた。

図13に、地方における「クルマ社会」の進展が、地域にどのようなインパクトをもたらすのかの構造を包括的に図式化した。

ご覧のように、クルマ社会は、地域の経済、社会、行政、人口に対して複雑な直接的、間接的影響をもたらし、それを通して地域の疲弊、衰退をもたらしている。

図13　クルマ社会が、地方を疲弊させるメカニズム

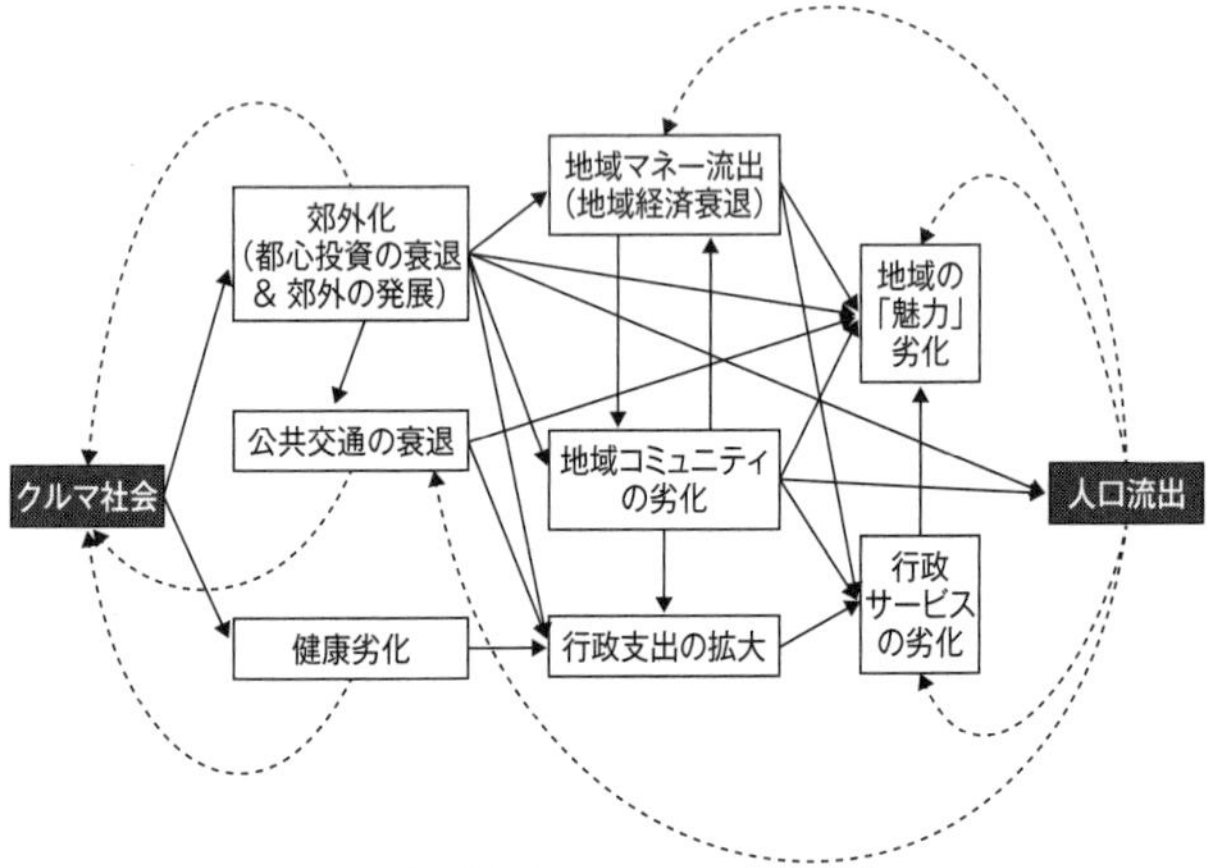

※「フィードバック」の効果を「点線」で表示

ついては本章を終えるにあたり、そのメカニズムを簡潔に解説することとしたい。

まず、**クルマ社会が進展すれば、公共交通の衰退と街の郊外化が同時に進行**していく。それらはもちろん、人々のクルマ依存傾向をさらに強化する。

こうして街が郊外化すれば、**地域マネーは地域外に流出**すると共に、**地域コミュニティは劣化**する。無論、この両者もお互いに強化しあいながら同時に進行する。

このように、クルマ社会が進行すれば、地域の経済も社会も疲弊していくが、それと同時に、**行政のサービスレベルも低下**していく。

第一に、地域経済の衰退、ならびに、人口

流出によって**税収が縮小**していくためである。そして第二に、郊外化やコミュニティ劣化、公共交通衰退、そして、クルマ社会の進展による「健康劣化」のために、クルマ社会の進展によって**「行政負担」が大きく増加**していくことが原因だ。つまり、収入が縮小していく一方で、必要経費がかさむため、十分な行政サービスができなくなっていくのである。

こうして、地域の経済、社会も疲弊し、交通サービスレベルも行政サービスレベルも下落していくことで、その**地域の「魅力」が大きく劣化**していく。

こうして地域の魅力が劣化すれば、自ずと人はその地域を離れていく。すなわち、**人口流出**だ。

ただし、人口流出において最も本質的な原因は、地域の「雇用」（働き口）がなくなることにある。そして、クルマ社会では、街の中心部の投資は縮小し、そこから様々な民間企業が撤退していくため、**雇用は喪失**する。そもそも、地域マネーは郊外化によって流出していくため、（郊外のショッピングセンターなどにも）かつてほどの十分な雇用（ならびに所得）はない。

結果、多くの人々は、仕事を求めて域外へ転出せざるをえなくなってしまう。ただし、そこに濃密な地域コミュニティが存在しているなら、仕事がなくとも無理をしてそこで暮らし続ける人も出てくるかもしれないが、そんなコミュニティすらない。

かくして、**クルマ社会が進行していけば、「地方」から魅力も働き口もなくなり、結果として人々はどんどん流出**していくことになるのだ。

こうして人口が地方から減っていけば、経済も産業も疲弊し、税収も減って、地域コミュニティはますます劣化し、公共交通も衰退していく。これらを通してもちろん、クルマ社会はさらに深化する。

こういうメカニズムを通して、クルマ社会は街を郊外化させ公共交通を衰退させ、地域経済と社会を疲弊させ、行政サービスが劣化することを通して人口が流出する。こうして、**クルマ社会が進展すればするほどに、地域の経済、産業、社会、行政、人口のすべてが同時進行的に衰弱していき、地方は衰退していくのである。**

これこそ、本書の最大のテーマである「クルマを捨ててこそ、地方は甦る」ことの本質的理由だ。

すなわち、ここで示した議論はいずれも、次の一点を示唆している――**「もしも、それぞれの地域においてクルマ社会の進展に一定の歯止めをかけることができるのなら、地域の経済、産業、社会、行政は少しずつその活力を取り戻し、人口流出にも歯止めがかかり、地方**

の創生が確実に進展することになる」。

「道からクルマを追い出せば、人が溢れる」メカニズム

第1章では、銀座や秋葉原、京都、そして富山といった様々な街で、「道からクルマを追い出せば、人が溢れる」という事例を紹介した。そしてその理由として、人は皆、路上でクルマとすれ違うことで心的なストレスを感じる一方、クルマがおらずに人で賑わっている路上は、「笑顔」が出るほど「楽しい」空間となり、クルマを追い出すことで路上が魅力的な空間へと変貌するからである——という点を指摘した。

しかし、本章で論じた「クルマ社会化が地方を疲弊させるメカニズム」を踏まえるなら、「道からクルマを追い出せば、人が溢れる」のは、次のような理由だということができる。

第一に、「道からクルマを追い出す」ためには、「街の中心部の道路」における運用調整や最低限の（例えば、道路標識などの）設備投資が必要だ。つまりそれは、**「街の中心部への投資の衰退」に歯止め**をかける行為だ。いわばこの投資ゆえに、街の中心部に人の賑わいが取り戻されたわけだ。

第二に、これにあわせて、歩道を整備したりその道路空間までの公共交通アクセスの向上

を図れば、**「公共交通の衰退」に歯止め**をかける行為となる。例えば、富山の道路空間を活用してつくった街の中心部の「広場空間」には（後ほど詳しく述べるが）、行政が投資する形で「LRT」（ライト・レイル・トランジット）が整備されている。こうした公共交通のレベル向上によってさらに、街の中心部に人の賑わいがもたらされることになる。

第三に、街の中心部の道路上に人々を集め、こうして中心部に「賑わい」が取り戻されていけば、住民同士のコミュニケーションが活性化することになるが、これはもちろん、**「地域コミュニティの劣化」に歯止めをかける**行為となる。とりわけ、富山の中心部の広場では、連日、様々な地域組織による「イベント」が開催されているが、これが当の地域組織（コミュニティ）の活性化につながっているのである。

第四に、こうした「街の中心部の賑わい」が生み出されれば、その賑わいをターゲットとしたさらなる民間投資が誘発される。銀座や四条通り、さらには富山の中心部には、実際、「中心部の賑わい」に触発される形で二次的、三次的な民間投資が誘発されている。これはもちろん、**「街の中心部への投資の衰退」に歯止め**をかける。

このように、街の中心部の**「道からクルマを追い出す」ことをすれば、官民あわせた街の中心部への投資が様々な形で少しずつ進展すると同時に、地域コミュニティや地域公共交通が**

少しずつ活性化し、これらを通して中心部に少しずつ**「賑わい」が戻ってくる**ことになるのである。言うまでもなく、その結果、その地域の魅力や行政サービスも改善され、**人口流出にも歯止め**がかかることとなる。

逆にいうなら、図13に示した「クルマ社会」と「地方の活力」の間のメカニズムを踏まえれば、歩行者天国などの**「道からクルマを追い出す」という取り組みが地方を活性化する、効果的かつ、典型的な方策である**ことは明らかなのである。

「杞憂」にすぎない、ということを、実例や実証データ、そして、理論的論証を交えながら論ずることとしたい。

第1章で、「クルマを締め出せば人で溢れる」事例として、京都のど真ん中、四条通りの「歩道拡幅」によって、四条通りに訪れる人が実際に増え、京都のまちなかの賑わいがさらに大きなものとなった、という事例を紹介した。

ただし、こうやって歩道が広げられたのは、クルマが走る道路上の空間の一部を削ったから実現できたものだった。つまり、クルマの車道は、かつての「片側二車線」であったところ、これを「片側一車線」にして、その一車線分を歩道に回したのだ。

四条通りといえば、京都のまちなかのど真ん中を突っ切るメインストリート。図14に示すように、京都でも最も有名な神社の一つ、「祇園さん」とも呼ばれる八坂神社の真ん前から、京都市の西の果てにある桂川に至る、大きな道だ。数多くのバス路線が走り、大量の買い物客のためのタクシーの往来も多い。そして、京都市の道路ネットワークにおける主要道路の一つとして、多くの一般のクルマも利用する動脈の一つだった。

そんな重要な道路の車線が半分になる、ということで、誰もが大渋滞が起こるだろうと危惧していた。

図14　京都市における四条通りのイメージ図

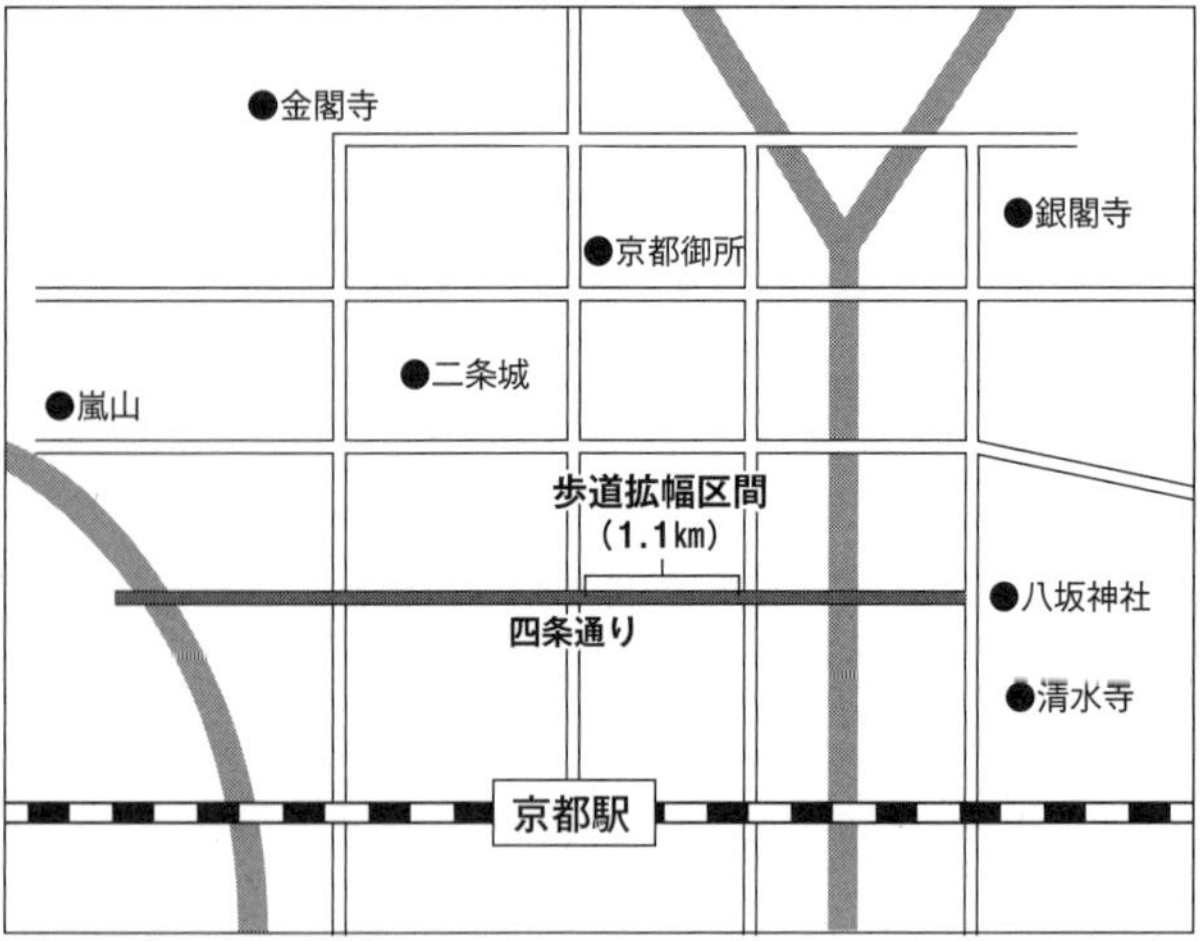

ただし、工事が始められた２０１４年11月から、翌年の2月頃までは、さして大きな混乱もなかった。誰もが予想していた混雑は起きなかったのだ。

しかし、工事が始められて約5カ月が経過した**２０１５年の３月～４月頃、京都市外から大量の「花見客」が訪れたことで、四条通りは大混雑に陥る。**京都市民たちは四条通りの拡幅工事のことをよく知っており、できるだけ四条通りを使わないようにしていた一方、市外からの観光客はそれを知らなかったのだ。

結果、市バスのデータによれば、最も酷い時には、通常11分の区間で48分かかってしまうほどの混雑となる。あまりの渋滞の激しさにバス運転手が「歩いた方が早い」と降車を促すアナウンスをしたこともあったという。

これに対して、「もともと車線を削れば、大混乱に陥るのでは？」という潜在的な不安を感じていた世論が「やっぱり！　それ見たことか!!」とばかり一斉に行政批判を始めた。メディアでは連日、『四条通拡幅工事で慢性的渋滞』『「悪夢」の渋滞』（産経新聞）、『歩道拡幅事業で渋滞に…地元民は渋い顔』（週刊ポスト）、『〝四条通〟に怒る市民「門川市長の失政だ」』（京都民報）などという調子で、行政を強く非難する記事を掲載した。

しかし、それらの記事では、この「花見」という、京都市内が毎年混雑するのが当たり前となっている特殊な時期までの**約５カ月の間、実質上、大きな混雑がなかった**ことには触れられていない。もちろんいくら花見とはいえ、この時期の混雑は確かに激しいものではあった。とはいえ、当時の記事の論調は、工事を始めてからずっと、「慢性的」（産経新聞）に四条通りが混雑しているかのような印象を与えるものだったのだが、それはもちろん、「誤報」に近い。

いわばそれら報道は、少々過熱気味な、センセーショナルな煽り記事のきらいが強かったわけである。

しかも**花見シーズンやゴールデンウィークが終わった後は、極端な混雑は見られなくなっ**

た。

そして、工事が終わった2015年の10月からは今日に至るまで、バスの運行時間は、例年と何ら変わらない水準に落ち着く結果となっている。しかも、渋滞が危惧された秋の連休でも（そして直近の花見シーズンでも）、目だった混雑は確認されてはいない。

つまり**「四条通りの歩道拡幅」による混乱は一時期だけだったのであり、それ以外は特に大きな混乱は見られていない**のが実態なのである。

なぜ、主要道路の車線を「半分」にしても混乱しなかったか？

京都市といえば、150万人の人口を要する大都市だ。しかも、年間5000万人以上が訪れるマンモス観光都市でもある。そんな大都市のど真ん中の主要道路の車線を「半分」に削ってしまうという荒療治だったにもかかわらず、大混乱が持続的に起きなかったのは、一体なぜなのだろうか？

一つには、この花見シーズンの混雑の反省から、初めての観光客にも四条通りは車線が1つしかないという情報を、道路上の掲示板やサインなどを使って広報するようになったことや、バス停の位置や、料金収受システムを工夫して渋滞が起きにくくするようにしたことなどが功を奏したという側面がある。

しかし何より、マスコミの少々過剰ともいえる煽り記事の「おかげ」もあり、**四条通りは混雑しているからできるだけ四条通りは避けた方がよい、というイメージが定着した**ということが、最大の要因の一つだといえるだろう。

実際、**四条通りの道路車線が削られた区間の交通量は、公示前に比べて約４割前後（37〜41％）も減少している。**

なお、四条通りとの周辺の幹線道路（御池通り、五条通り、烏丸通り、河原町通りなど）においても１割から２割程度、交通量が減少していることも確認されている。そして、四条通りに接続している周辺の細い道路における交通量も１〜５割程度減少していることもあわせて示されている。**つまり四条通りを迂回《うかい》して周辺道路にクルマが流れ、周辺が混雑している、というわけでもない**のである。

これらの結果は、**人々が四条通りをかつてよりも使わなくなっている**ことを意味している。結果、**道路の幅は狭くなったが、交通量が少なくなったおかげで、渋滞は起こらず、速度もおおよそ以前と同程度の水準に保持されることとなった**のである。

「消滅交通」はどこに消えたのか――「公共交通利用者」となった

一般に、道路が削られることで交通量が縮小される現象は、「消滅交通」(disappearing traffic)といわれている。これは、道路がつくられることで交通量が新しく湧き出て来る「誘発交通」(induced traffic)とは正反対のもので、(後ほど詳しく解説するが)世界中の、道路の削減によって観測される、極めて一般的な現象である。

では、かつて四条通りを通っていた大量のクルマ(かつての交通量の実に4割)は、一体どこに行ってしまったのか?

真っ先に考えられるのは、四条通りと並行して走る他の道路(五条通りや御池通り)などに迂回している、という可能性だが、必ずしもそうだとは考えられない。先に指摘したように、それらの道路でも、かつてより1、2割減少しているからだ。

さらに考えられるのは、「クルマで来にくいから、もう四条界隈に来ることをやめた」という可能性だ。しかし、先にも紹介したように、この四条界隈に訪れる人たちの数自体は、歩道拡幅以後「増えている」のが実態だ。だから、「来なくなった方」が大量にいるとも考えにくい。

そうなると他に考えられるのは、別の手段、例えば**電車やバスで来るようになった**、という可能性だ。

実際、歩道拡幅からおおよそ2年が経過した頃の四条通りの様子を報道する京都新聞には、**「四条通りは混むと聞いたので、電車で来るようになった。荷物を運ぶ苦労はあるけど、時間の節約になります」**（草津市から訪れた51歳の主婦）という声が掲載されていた。つまり、この主婦に代表される多くの方々が、「四条通りは混むと聞いたので、電車で来るようになった」のである。

周辺道路の交通量も減っている一方で、四条通りの歩道の歩行者が増えている――これらを踏まえるなら、かつての四条通りの道路利用者の約4割もの「消滅交通」が生じたのは、四条通りのクルマのドライバーの多くが「電車やバス」で来るようになったからだと考えざるを得ない。

実際、拡幅工事前に、四条界隈を訪れた人々を対象とした調査では、クルマで訪れた人の割合は「8％」であったが、拡幅後にはそれが「5％」にまで縮小している。これは、事前の0・63倍、つまり、4割弱も縮小しているのである。**これは、四条通りの交通量の縮小に、ほぼ等しい縮小率だ。**

図15　四条通りの歩道拡幅前後の、四条界隈来訪者の交通手段のシェア

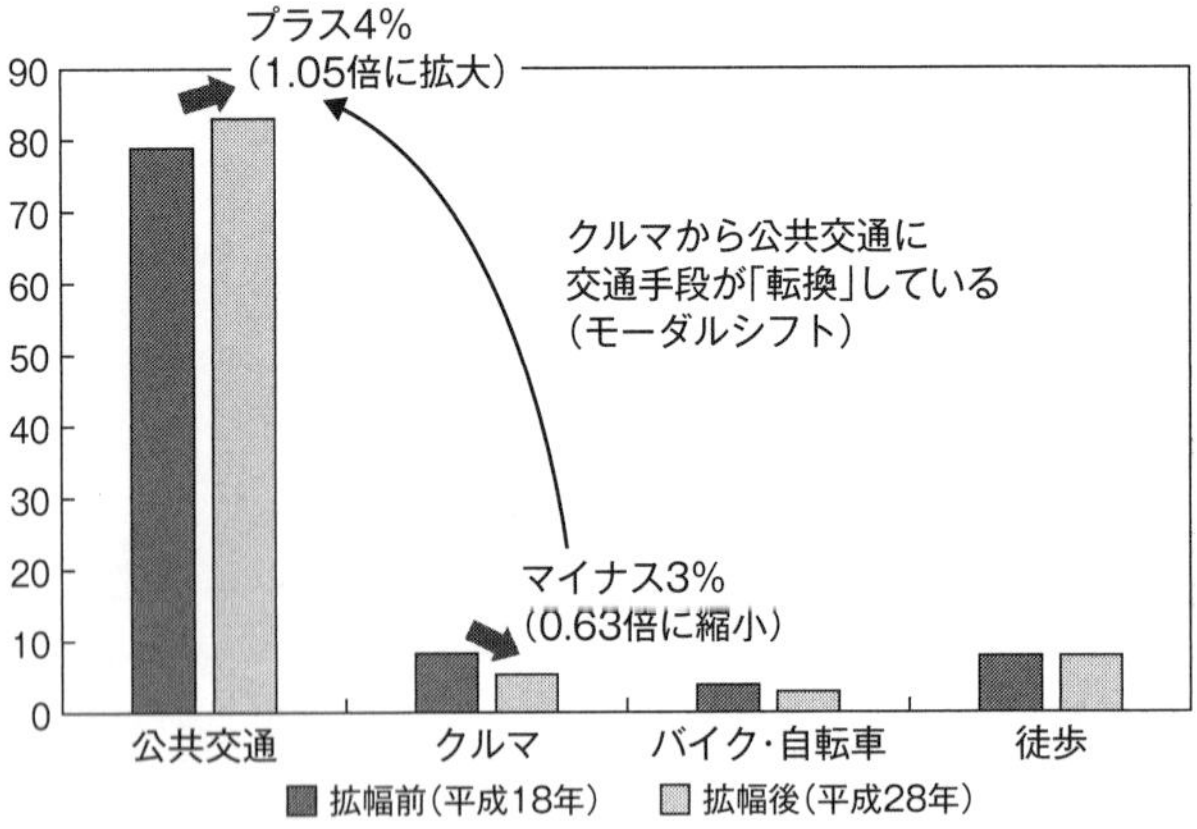

※公共交通：バス、電車、タクシー

一方で、バス・電車などの公共交通のシェアは、拡幅前は79%であったところ拡幅後には83%へと拡大している。

すなわち、クルマが減って公共交通が増える、という結果になったわけで、これはまさに、**四条界隈を訪れる人々の交通手段が、クルマから公共交通へと転換している**ことを示している。

以上のデータが示しているのは、**四条通りにクルマで訪れていた多くの人々が、道路車線の削減に対応するために、クルマから公共交通へと乗り換えて四条界隈に訪れるようになったのであり、だからこそ歩道拡幅後も混雑は生じなかった**という実態である（なお、バイク・自転車のシェアも3%→2%へと1%

縮小しているが、その縮小分も公共交通にシフトしている。つまり、四条界隈では、クルマやバイクなどで来ていた人が公共交通へとシフトした人たちが、全体の４％もいた、ということになる）。

モーダルシフトは渋滞緩和に極めて効果的

ただし、世論においてはいまだに、四条通りの車線が半分になってしまったのだから、四条通りは混雑している——というイメージを根強く持っているようである。例えば、歩道拡張工事から1年半経過した時点（２０１７年4月19日）での、京都市内の道路整備についての記事の中でも、**「歩道拡幅を行なった四条通りで大渋滞が発生」**と、一時的なものにすぎなかった混雑現象がいまだに言及されている。こうしたメディア上での言説は、「四条通りは混雑している」というイメージを強化し続けている。

しかしその一方で、四条通りが混雑「しない」のは、論理的に考えて至って当然の帰結だ。

そもそも、そうした「混雑している」というイメージが根強ければ根強いほど、より多くの「消滅交通」が生み出される（つまり、交通量がさらに大きく縮小する）からだ。

しかし、それ以上に重要な理由は、先にデータで明確に示したように、そのイメージに後

写真11　同じ人数を運ぶ場合の、クルマ、バス、ＬＲＴの道路占有イメージ（国交省資料より）

押しされる形で**人々が行動を変えて、「クルマから公共交通に乗り換えている」、という点にある。**

一般に、こうした交通手段の転換は、**モーダルシフト**（modal shift）と呼ばれている。

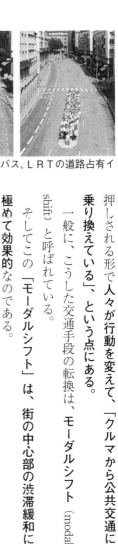

そしてこの**「モーダルシフト」は、街の中心部の渋滞緩和に極めて効果的**なのである。

写真11をご覧いただきたい。これは、「同じ人数を運ぶ場合の、クルマ、バス、LRTの道路占有イメージ」の写真だ。

この写真を見ればいかにクルマという乗り物が、広大な道路空間を占拠しているのかをおわかりいただけよう。写真左に写された夥《おびただ》しい数のクルマで運んでいる人間は、バスならばたった3台で運ぶことができるのだ。LRT（ライト・レイル・トランジット）という新しいタイプの路面電車の場合には、**たった1車両**で運ぶことができる。

だから、クルマからバスや電車（LRT）への「モーダルシフト」が起これば、道路空間は一気に「スカスカ」になるのである。したがってモーダルシフトが起こりさえすれば、道路の車線は、半分になったとしても、混雑することなく、余裕でスイスイと走り続けることができるのである。

クルマは「街の中心部」にはふさわしくない

そもそも、「街の中心部」という場所には、商店やレストラン、カフェなどの実に様々な都市施設が**「高密度」**に設置されている。だから街の中心部には、狭い場所に大量の人々が訪れる。それだけの大量の人々の「移動」を考えた時、彼らをすべてクルマで円滑に処理するためには、「膨大な面積の道路」が必要となる。なぜならそもそも、クルマは1人の人間を移動させるために使用する面積が、大きいからだ。1人乗りの場合なら、**1人あたり少なくとも10～15㎥の空間を必要**としてしまう。

しかし、あらゆるものが高密度に集積した街の中心部にはそれだけの十分な道路空間はない。

したがって、**街の中心部へのアクセスを「クルマ」だけでまかなおうとすると、確実に大渋滞となってしまうのだ**（この点は、写真11から直感的におわかりいただけよう）。

ところがバスやLRTの場合は、1人あたりの移動のために必要な面積は、クルマの何十分の一、という水準だ。ゆったり座るイメージでも、1人あたり1㎥未満の空間しか必要とはしない。だから、**電車やバスは、街の中心部の限られた空間を使って、大量の人間を、「混雑」させることなく移動させることが可能**なのである。

逆にいうなら、**街の中心部に訪れる大量の人々の移動をまかなうには、クルマではなく、バスや電車を使わざるをえない**のである。

それゆえ、街の中心部においては、可能な限りクルマではなく、バスや電車で訪れてもらうように促す「モーダルシフト」が、街の中心部の混雑を解消させるのである。

そして、京都の中心部における四条通りにおける**「道路容量の削減」は、クルマからバス、電車への「モーダルシフト」を実際に生み出した。**そして、クルマで四条通りを訪れる人々を、実に4割近くも削減させた。結果、かつての半分しか道路の車線がないにもかかわらず、渋滞は生まれなかったのである。

「車線を削っても混乱しない」のは世界中で見られる一般的な結果

この四条通りの「車線を削っても混乱しない」という例は、単なる一事例だ。だから、これはあくまでも例外的な話で、一般的なものではないかもしれない、と訝《いぶか》る読者もおられるかもしれない。

しかし、筆者も協力して行なった世界中の60以上の事例を調べた網羅的研究から、そうした疑念は、やはり単なる「杞憂」であることが明らかにされている。

すなわち、**「車線を削っても混乱しない」という帰結は決して例外的ではなく、常に見られる「普遍的」なものなのである**（Cairns, S., C. Hass-Klau and P. Goodwin. Traffic Impact of Highway Capacity Reductions: Assessment of the Evidence. with an annex by Ryuichi Kitamura, Toshiyuki Yamamoto & Satoshi Fujii, Landor Publishing, London, 1998）。

この研究では、以上に解説した「四条通りの車線半減」のケースのような、「車線の削減」事例を世界中から収集し、その車線削減によって「混乱」が起こっているのか否かを検証するというものであった。

そこで収集された事例は、日本、ドイツ、アメリカ、イギリスなどの**12の国の60以上の「車線の削減」事例**である。これらはいずれも、四条通りの事例のように、歩道を広げたり、バスレーンをつくったり、自転車レーンをつくったりする一方で、クルマのための車線を「削減」あるいは「完全になくしたり」するものであった。

このレポートによれば、おおよそどこの場所でも「車線の削減」が行なわれれば、「大渋滞」「大混乱」が起こるだろうと事前に危惧されていたという。しかし実際のところ、ほとんどのケースで、事前に危惧されたほどの混乱は見られなかったのである。というよりもむしろ、**「大規模で長期的で重大な混乱」が報告された事例は、結局は一つもなかった**のである！　つまり、京都市の四条通りの事例のように、一時的、短期的な混乱が生ずる例は一部あったとしても（それすらほとんどなかったという）、そうした一時的混乱はすぐに落ち着いて、大規模な混乱は消滅していったのであった。

その理由は至って簡単なものだ。

車線が削られれば、おおよそすべてのケースにおいて、その削られた車線に見合う程度にまで、**交通量が**「**消滅**」していき、深刻な混雑がなくなっていくのである。

これらのケース全体の平均で見れば、道路の車線が削られた後、そのエリア全体の交通量が、**平均で25%（そして、中央値にして14%）**縮小したという。つまり、**車線削減による「消滅交通」は、過去の網羅的な事例平均で、平均的におおよそ14〜25%程度だということになる。**

なお、個々のケースに着目すると、車線が削減されたにもかかわらず、交通量が増えている事例、というのも一部見られているのだが（60ケース中7ケース）、そうした事例は、基本的にそもそも渋滞のなかったエリアでのものだった。だから経済や都市の成長の影響などを受けて、事後の時点での交通量が増加したものの、それでも余裕があったため、深刻な混雑は起きなかったのである。

人は、状況が変われば、自分の「行動」を変える

この四条通りの事例でも、そして、世界的な同種の事例でも見られるように、**道路の車線が削られれば、それにあわせて人々は「行動を変える」**ものなのだ。

逆にいうなら、**「車線が削られれば、大混乱になってしまう！」という誰もが事前に抱く危惧は、人は大きくは行動を変えない、だからトータルの交通量は一定だ、という至って「非現実的」な「誤った」想定に基づくもの**だったのである。

もちろん、「他の迂回経路を使う」という対応を図る人々もいるわけだが、例えば四条通りの事例では、クルマで四条界隈に来るのをやめて、バスや電車で訪れるようになる**「モーダルシフト」という行動変化**が支配的であった。その他にも、混雑する時間帯を避けて比較的空いている時間帯を狙って道路を利用するなど、様々な対応行動が考えられよう。そして

それらを通して、当該エリアの交通量は、削減された道路の「容量」にあわせて、着実に縮小していったのである。

いずれにせよ、人々は、あまりに激しい渋滞を嫌うのである。

そんな激しい渋滞に身をゆだねるくらいなら、交通手段を変えたり、時間帯を変えたりという形で、行動を変える方を選ぶのだ。そしてその結果、渋滞が回避されるレベルにまで、交通量が縮小していく。そして、交通量が一定程度縮小し、渋滞が見られなくなれば、人は自らの行動を変える「動機」を失い、その状況が保持されることとなるわけである。

だから、こういう「調整プロセス」の進行の過程で、いわば「一見さん」（初めてその地を訪れる人々）が多い、それこそ「京都における花見シーズン」などのケースで一時的に混雑することがあったとしても、それはあくまでも、「調整プロセス上の一幕」にすぎないわけで、早晩、そういう混雑は収まっていくのである。

なお、こういう調整プロセスの中で人々が行動を変えていく動機には、「実際に渋滞を体験する」というものもあれば、四条通りの例のように、「マスメディアで渋滞がセンセーショナルに報道されるのを見る」というものもあろう。

いずれにせよ、世界中のどのような事例であっても14～25％もの交通量が削減されるほどに、人々は「行動を変える」こととなったのである。

そしてその結果、混乱を巻き起こすことなく、歩道が広げられたり、バスレーンが広げられたり、あるいはショッピングエリアが広げられたりしていったのである。

それはもちろんそれぞれの街のさらなる「賑わい」につながっていった。

少なくとも四条通りでは、一人ひとりがクルマを乗ることをやめてバスや電車を使うようになるという形で「行動を変化」させ、これを通して混乱は解消した。一方で拡幅された歩道によって歩行者は増え、経済は活性化され、挙げ句に地価がさらに上昇する、という**「地域活性化」へと結びついていった。**

しかし、京都の関係各位が皆、「人間は、道路の状況が変わろうとも、行動なんて変化させないだろう」という誤った認識を強固に信じ続けていたとするなら――事後の混乱を恐れ、「車線の削減」を行なうという「英断」を行政が下すことはできなかっただろう。結果、歩道は拡幅されず、街が活性化されるという経済効果を得ることにも失敗しただろう。

京都の四条通りの歩道拡幅を行なうためには、実に長い時間をかけた議論と調整が繰り返された。その議論の中でとりわけ重要な役割を担ったのは、先に紹介したCairnsらによる世界中の「車線削減」に関する研究成果を踏まえた「車線を削減すれば人々は確実に行動を変えるだろう、だから混乱は最小化されるに違いない」という学術的な理解であった。**この学術的理解があったからこそ、歩道拡幅を行なうという英断を「勇気」を持って下すことができたのである。**そしてそれが、大きな成功に結びついているのは、先に何度も繰り返した通りだ。

一方で、同様のポテンシャルを持ちながら、「人々は行動を変えないだろう」という誤った認識を信じ続けたまま、そうした英断を下す勇気を持てないでいる都市は、日本中に数限りなく存在するに違いない。

そういう都市の方々にはぜひ、**人間は新しい環境にあわせて行動を変えるから、車線を削減しても混乱は生じない**——という豊富な実証研究から明らかにされている「客観的事実」を思い起こしてほしい。そしてその上で、**「クルマを捨ててこそ、地方は甦る」**という、一見逆説的に見える本書のメインメッセージを想起しつつ、今、クルマに占有されている道路空間を、歩道やバスレーン、あるいは、LRTなどの新しい交通手段のために「活用」する可能性を、冷静、かつ、勇気を持って検討いただきたいと思う。

第4章　「道」にＬＲＴをつくって、地方を活性化する

人々の「行動変化」が、地方を活性化させていく

もしも人々が、郊外のショッピングセンターでなく、まちなかの商店街で買い物し、食事に行くようになれば、それだけで街は活性化する。それ以前に、郊外に住むのではなく、まちなかに住むようになればそれだけで街の中心部は活気づいていく。

しかし、そうした「行動の変化」を妨げるものがある。

それが**「クルマ利用」**、あるいはそれが習慣化した**「クルマ依存」**（あるいは「クルマ利用習慣」）だ。

人々がクルマ利用習慣を持っている限り、混雑しがちなまちなかは敬遠され、クルマで行きやすい郊外の大型ショッピングセンターが好まれる。引っ越しする際も、わざわざ地価や家賃が高く、クルマが混雑しがちなまちなかよりも、郊外がどうしても好まれる。

しかし、**硬く氷のように固まった「クルマ依存」の習慣が「解凍」**され、クルマ以外の交通手段を使うようになりさえすれば、**結果的に地方は活性化していく**ことになるのである。

例えば、四条通りにおける「クルマを道路から締め出す」という方法が地域活性化につながったのは、結局は、「クルマ利用から公共交通利用へと行動変化（＝モーダルシフト）」し

たからだ、というのは先に指摘した通りだ。クルマ利用者の４割近くもが公共交通に転換しているのであり、これによって道路混雑が解消されると同時に、歩道が拡大され、街の中心部の魅力が向上し、**さらなる賑わいが生み出された。**

このモーダルシフトはもちろん、地域の「公共交通ビジネス」の活性化を導いている。四条通りの例でいうなら、**四条界隈を訪れる全体の実に４％もの人々が新たにその地域の公共交通を利用するようになった**のであり、これが交通ビジネスを大いに活性化している。そしてそうして潤った交通ビジネスの収益は、さらなる公共交通への「投資」へと結びつき、まちなかの交通サービスはさらに改善していく。無論、そうした改善は、さらなる街の魅力向上とさらなる賑わい創出に貢献する。

こうしたモーダルシフト、あるいは、その背後にあるクルマ利用の変化は、先に図13で紹介した「クルマ社会」がもたらす影響プロセスの構造を見れば明らかだ。そもそも、図13の一番左側に記載した「クルマ社会」という要素は、一人ひとりの行動の視点から言い換えるなら「クルマ依存」や「クルマ利用」のことを意味しているからだ。ついては図13の「クルマ社会」を「人々のクルマ利用」と書き換えた図を、改めて図16としてここに再掲してみよう。

図16　「人々のクルマ利用」が、地方を疲弊させるメカニズム

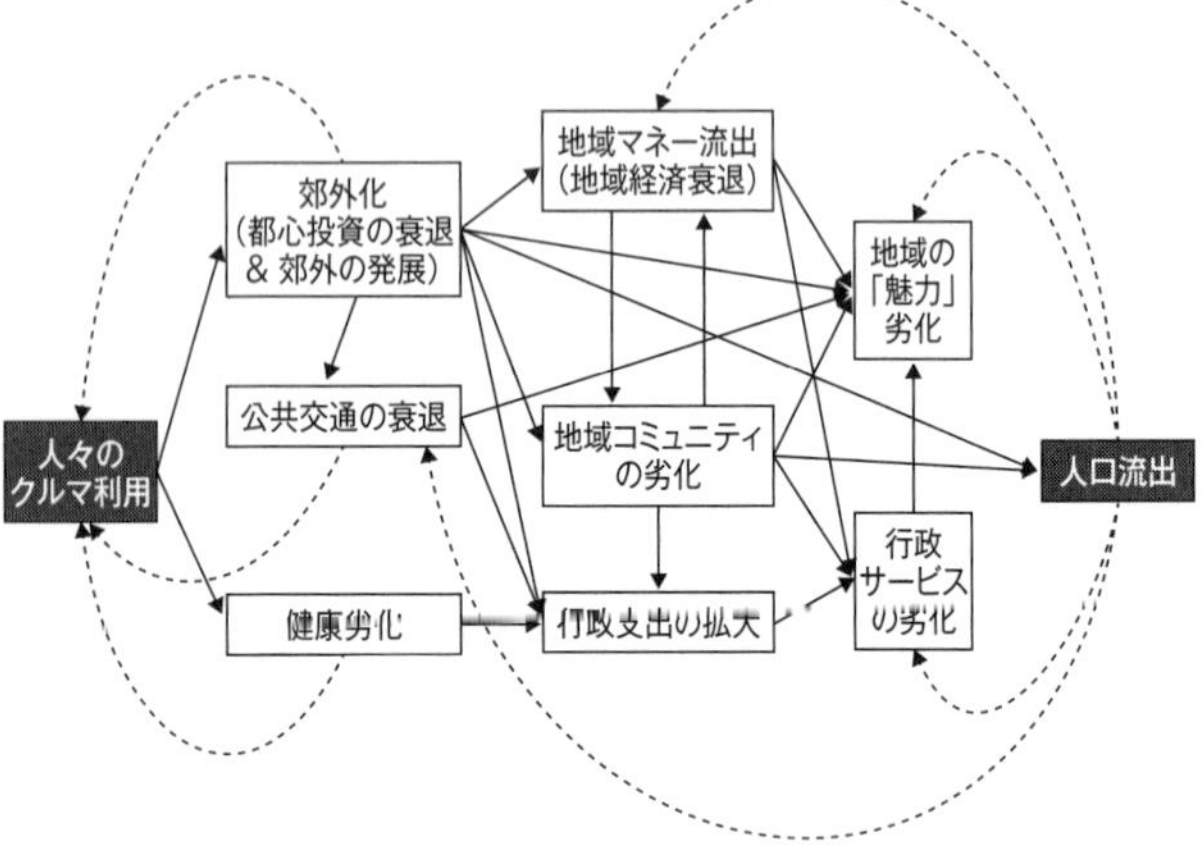

※「フィードバック」の効果を「点線」で表示

この図16に示したように、**「人々のクルマ利用」が、街を郊外化させ、公共交通を衰退させ、健康を劣化させ、地域経済を疲弊させ、地域コミュニティを劣化させ、それら全体を通して行政支出の拡大とサービス劣化を導き、その帰結として地域の魅力を劣化させ、地域からの人口流出を導いている**のである。

だからこそ、人々のクルマ利用が公共交通利用へと転換（モーダルシフト）すれば、その分だけ、公共交通や地域経済の衰退にも歯止めがかかり、活性化していくと共に、地域の魅力も増進し、街はさらに活気づいていくことになる。

つまり、**一人ひとりの「クルマを使わな**

い」というライフスタイルへの「行動変化」が、**街や地域を活性化させる大きな力を秘めているのである**。これこそ、「道からクルマを追い出せば、人が溢れる」ことの本質的な理由なのであり、「クルマを捨ててこそ、地方が甦る」という本書のテーマの根源的構造なのである。

「クルマ依存」の習慣を「解凍」するための具体策

こうした認識から、都市計画やまちづくりの分野では、**「クルマを使わない」というライフスタイルへの「行動変化」**をどうやれば導くことができるのか——という検討・研究や実務が、ここ十年、二十年ほど勢力的に積み重ねられてきている。いわばこの**「行動変化」**(しばしば、「行動変容」ともいわれる)の問題は、まちづくりにおける最重要課題の一つとなっているのである。

筆者もまた、都市計画や行動科学の分野の研究者として20代の頃からこの問題に様々にアプローチしてきた。

図17に、これまで様々に開発されてきた「行動変化」(モーダルシフト)を促す様々な取り組みの一覧を示す。専門的な内容も含まれるので、詳しい説明はここでは割愛するが(詳し

くは図の脚注を参照されたい）、ここまで述べてきた事例はいずれも、このいずれか、あるいはその組み合わせに該当している。

例えば、四条通りの例は、「交通システム」の側面（＝**構造的方略**）からいうなら

（1-4）歩道を拡幅する

（1-8）車線を削除／撤去する

を中心とした取り組みである。しかも、一時期の交通渋滞が激しくマスメディアで報道されたがゆえにモーダルシフトが促されたことを踏まえれば、

（3-1）「マスメディア」を通して

（2-4）「交通手段」の変化を促す

という働きかけ（＝**心理的方略**）によって、「クルマ→公共交通」の行動変化（モーダルシフト）がさらに促されている。

あるいは、第1章で紹介した銀座や秋葉原の歩行者天国の事例も同様に、「（1-4）歩道を拡幅する」「（1-7）特定ゾーンへの自動車の流入を規制する」「（1-8）車線を削除／撤去する」などの組み合わせだ。

また、同じく第1章で紹介した富山のまちなかの事例も、「（1-8）車線を削除／撤去す

図17 「クルマを使わない」ライフスタイルへの行動変化（モーダルシフト）を促す方法

構造的方略 「交通システム」を変えて、行動変化を促す

pull施策 変化「後」のシステムを変えて「引っ張る」ように行動変化を促す

(1-1)バス、鉄道を新たに導入する
(1-2)既存のバス、鉄道を便利にする（運行頻度を上げる、駅を改良するなど）
(1-3)バス、鉄道の料金を下げる
(1-4)歩道を拡幅する
(1-5)自転車道を整備する
(1-6)パークアンドライド[1] など

push施策 変化「前」のシステムを変えて「押し出す」ように行動変化を促す

(1-7)特定ゾーンへの自動車の流入を規制する（ナンバープレート制[2]含む）
(1-8)車線を削除／撤去する
(1-9)クルマ利用者から料金を徴収する（ロードプライシング・環境税[3]）
(1-10)クルマで走りにくくする（速度規制、トラフィックカーミング[4]、シェアードスペース[5]）

心理的方略 「一人ひとりの個人」に働きかけて、行動変化を「直接」的に促す

変化を促す行動内容

(2-1)「住む場所」の変化を促す（より公共交通が使いやすい場所へ）
(2-3)「クルマ保有」の変化を促す（保有台数の削減やカーシェアリング[6]）
(2-2)「目的地」の変化を促す（より公共交通が使いやすい場所へ）
(2-4)「交通手段」の変化を促す（電車・バス・自転車・徒歩などへ）
(2-5)「駐車場所」の変化を促す（パークアンドライドをするように）

変化を促す方法

(3-1)「マスメディア」を通して（テレビ、新聞、雑誌、インターネット、書籍）
(3-2)「ドライバー」に対してメッセージ（掲示板、道路情報ラジオ、などを通して）
(3-3)「居住者」に対してメッセージ（チラシ配布や、個別的なコミュニケーションを図る）
(3-4)「職場」に対してメッセージ（チラシ配布や、個別的なコミュニケーションを図る）
(3-5)「転入者窓口」で情報提供（地域の公共交通情報などを提供）
(3-6)「小中学校」で交通教育（地域の公共交通や渋滞問題などを授業で教える）

1 クルマ利用者に駐車場に駐車してもらい、そこから電車・バスなどをつかってもらい、特定エリア内の自動車流入を抑制する。
2 ナンバープレート制：対象車両をナンバープレートに応じて限定しつつ流入規制する。
3 ロードプライシング：料金を徴収するクルマ利用を定義して、料金を徴収。これにより、自動車利用の抑制を目指す。環境税：クルマ利用が環境に負荷を与えていることに着目し、クルマ利用に応じて税金を徴収。これを通して、環境負荷行動であるクルマ利用を抑制し、それを環境対策に活用。
4 トラフィックカーミング：住宅地内の細い道路などで、あえて走りにくくするための様々な「仕掛け」（道を曲がりくねらせたり、歩道を広げたり）を導入する。これを通して、当該道路への自動車流入の抑制を図る。
5 シェアードスペース：歩道と車道の区別をあえてなくし、道路上全体を歩行者が歩きやすくすることで、道路をクルマと歩行者が共存する空間とする。これにより、その道路をクルマで走りにくいものとすることで、速度抑制、自動車流入の抑制を図る。
6 1台のクルマを複数個人で共用するシステム。昨今では、「タイムズカーシェアリング」が急速に全国に普及している。

る」ことを通して「（1―4）歩道を拡幅する」の延長としての「広場」をまちなかに創出し、賑わいを生み出すという事例であった。

ただしこの富山の事例は、**より強力に行動変化を促す「公共投資」**も行なわれている。それこそ、このリストの一丁目一番地に位置づけられている

「（1―1）バス、鉄道を新たに導入する」

という取り組みだ。富山市は、新しい公共交通システムとして、**ＬＲＴ（ライト・レイル・トランジット）**を既存の道路空間を活用して導入している。そして、このＬＲＴによってまちなかにより多くの人々が集まり、さらなる賑わいが生み出されている。

ついては本章では、クルマから公共交通への行動変化（モーダルシフト）を効果的に促した代表的事例として、この富山のＬＲＴ投資を中心とした**「交通まちづくり」**と呼ばれる取り組みを詳しく紹介することとしたい。

モータリゼーションで衰退しつつあった富山

そもそも富山は、すべての移動の7割以上がクルマという**激しい「クルマ社会」**だ。通勤に限っていうなら**クルマの依存率は84%**に達している。

そんな中で、富山の公共交通は衰退の一途を辿っていた。過去約20年の間に、都市内の電車の利用者は**半分以下**にまで縮小。バスに至っては**3分の1**にまで激しく利用者が減っていた。こうした公共交通離れの煽りを受け、バスの系統数は、この20年の間に3割も減少していた。

これはもちろん、地域から公共交通のシステムが徐々になくなり、地域全体の公共交通のサービス水準が著しく低下していったことを意味している。

とりわけ、高齢者たちは公共交通の「消滅」の被害を直接受けることとなった。富山市には、「自由に使えるクルマがない」人々が3割も存在しているが、その大半（7割以上）が60歳以上だからだ。無論、彼らはクルマが使えないため、遠出するためにはバスや電車に頼らざるをえない。にもかかわらず、モータリゼーションの中でバスがなくなっていけば、彼らは社会から隔絶され、普通の暮らしを営めない状況に追い込まれていく。モータリゼーションは、**深刻な高齢福祉問題**を巻き起こしているわけだ。

一方、クルマが使える人たちは、こうやって公共交通が不便になればますますクルマ依存の傾向を高めていくが、こうした公共交通の衰退とクルマ依存の進行は、必然的に**「郊外化」**をもたらす。クルマに依存する人々なら、何も街の中心部にこだわって住む必要などないからだ。結果、過去35年間で**「市街地の面積」（DID面積）は、実に2倍**に膨れあがってしまった。そしてその内部の**人口密度は、3分の2にまで縮小**した。つまり、富山の市街地は、「薄く広く」広がってしまったわけだ。

こうなればもちろん、中心地の商店街は寂れていく。ご多分に漏れず、富山の中心部は「シャッター街」と化していっていた。一方で、郊外の大型ショッピングセンターには、大量の富山市民が殺到する結果となる。

つまり富山は、第2章「クルマが地方を衰退させた」で紹介した、「モータリゼーション＝クルマ依存」の進行によって疲弊していく代表的な地方都市だったわけだ。

「コンパクトシティ」をつくるため、LRTに約90億円の投資をした

そうした流れに歯止めをかけるべく、富山市が提唱したのが、**「コンパクトシティ」**の構想だった。つまり、薄く広く広がってしまった市街地を、再び、富山駅を中心に集中させ、「コンパクト」な街をつくろうと考えたわけだ。

写真12　新しいタイプの路面電車「LRT」が走る富山市のまちなかの風景

そして、その構想における目玉として導入されたのが、「ＬＲＴ」（ライト・レイル・トランジット）であった。ＬＲＴとは、主として道路上につくられる路面電車の一種。だから、その整備は必然的に**「道路の容量の削減」を伴う**。

写真12は、富山市が導入したＬＲＴの車両だ。ご覧のように、日本人が長年慣れ親しんできたいわゆる「路面電車」とは大きくイメージの異なる、静かで揺れも少なく、車いすや高齢者も乗りやすい「低床式」の車両がその特徴だ。

富山市は、このＬＲＴを、現在主として2段階に分けて導入している。

最初（２００６年）に導入されたのが、Ｊ

R富山駅と北側の富山港とを結ぶ富山ライトレールの**「富山港線」**（通称**ポートトラム**、事業費約58億円、延長7・6㎞）。

その次（2009年）に導入したのが、同じくJR富山駅と南側の中心部とを環状ルートで結ぶ市内電車の**「環状線」**（通称**セントラム**、事業費約30億円、延長3・7㎞）。

つまり、**富山市は街の中心部に約90億円弱のLRT投資を行なって、それを「軸」として薄く広く拡大した市街地のコンパクト化を図った**のである。

なお、現状では、JR富山駅の北側と南側に隔てられている両路線は、接続されていないものの、JR富山駅の改修工事を行ない、両者を接続する取り組みが急ピッチで進められている。そしてさらに将来的には、このネットワークを広げる構想が計画されている。

約35万人が地元にオカネを落とすようになった

さて、こうしたLRT投資の結果、「クルマをやめて公共交通を使う」という行動変化、モーダルシフトを多くの人々において誘発し、公共交通利用者数は着実に増えていった。

富山港線（ポートトラム）についていうなら、この路線はかつてJRが運営しているローカル線だったのだが、これを富山市が譲り受け、一部線路（1・1㎞区間）を追加投資しつつ、

ＬＲＴとして甦らせたのであった。結果、ＬＲＴ化されてから、**利用者は平日で約２倍、休日に至っては約４倍**に膨れあがった。

そして、事後調査によれば、**「かつてはクルマを使って移動していたが、ＬＲＴができたのでクルマをやめてＬＲＴで移動するようになった」**という人々は、この**新しく増えた利用者たちの２割以上**を占めていた。

この数値に基づいて、年間どれくらいの延べ人数が「クルマ→ＬＲＴ」のモーダルシフトの行動変化を行なったのかを推計すると、その数は実に**約20万人**となる。この20万人はもちろん、地域企業であるＬＲＴの事業者に大きな収益をもたらしている。かつてはその「マネー」が、ＬＲＴ事業者に比べて比較的富山と縁の薄い「自動車関連企業」に流れていたことを考えれば、もうそれだけで地域活性化効果があったといえるだろう。

そしてもちろん、その収益はさらなる設備投資に向かい、富山市民の交通のサービスレベルの向上に貢献している。その他にももちろん、クルマを使わなくなったことで、地球温暖化ガスの削減や、富山市内の交通渋滞の緩和にもつながっている。

ただし、事後調査によって明らかにされた次のデータは、富山の経済活性化、そして、富山の地域社会活性化にとってさらに大きな意味を示すものである。

それは、**「かつては違う行動をしていたが、LRTができたから『LRT沿線』に出かけるようになった」**という人々が、**新しく増えた利用者たちの4割近く**に達していた、という事実である。

LRT沿線とはもちろん、JR富山駅をはじめとした富山の中心エリアであり、この路線が接続している観光地でもある富山港だ。つまり、LRTができたことで、LRT周辺地域、つまり富山の中心部や富山港に新しく人々が訪れるようになったのである！

その数を、上記数字から推計すると**年間35万人**。この35万人の多くは、LRTがなければ郊外型のショッピングセンターや郊外の観光地に訪れていたはずだ。あるいは、LRTがなければ、どこにも行かずに家でずっと過ごしていたかもしれない。つまり彼らは、富山市内の様々な商店や観光地ではほとんどオカネを使う機会も、富山のまちなかの様々な施設を楽しむ機会も、そして、それらの場所で富山の様々な人々やコミュニティや歴史的な資産に触れる機会もなかった人たちなのである。

ところが、彼らはLRTができたおかげで、LRT沿線のエリアを訪れ、買い物をしたり、観光地に遊びに行き、そこで多くの「オカネ」を落としたりしていくことになった。富山の様々な人々やコミュニティとふれあい、歴史的な資産に触れる機会を得たのである。

つまり、ＬＲＴは富山市の中に**新しい人の流れをつくった**のだ。

新しい人の流れは「新しいビジネス」を生み出す

言うまでもなく、こうした**新しい人の流れは「新しいビジネスチャンス」**を生み出す。実際、富山港にある国指定重要文化財である北前船廻船問屋《きたまえぶねかいせんどんや》「森家」の入場者数は、ＬＲＴ開通後、**一気に３・５倍に増加**している。結果、その周辺の土産物屋などの商店も、大きくその売り上げを伸ばす。さらにはもちろん、その他のＬＲＴ駅周辺の商店やレストランの売り上げも増えていることとなる。そうなれば、そうしたビジネスチャンスを目がけて、ＬＲＴ沿線に新しい「民間投資」が始められることともなる。

こうして、交通が便利になり民間投資も進められるＬＲＴ沿線は、「住宅地」としても魅力的なものとなっていく。そうなれば当然、民間住宅の投資も始められることとなる。

実際、図18に示したように、ＬＲＴの完成後、「ＬＲＴ沿線エリア」の住宅件数は着実に伸びていき、かつての2倍の水準に達しているのである。

このように、ＬＲＴ富山港線（ポートラム）ができたことで、人々の行動が変わり、公共交通利用者が増え、富山市が活性化していったわけだが、同じような効果がもちろん、２０

０９年に開業した環状線（セントラム）によってももたらされている。

図19は、富山市内の電車利用者の推移を示しているが、ご覧のようにＬＲＴが整備されるまで年々、激しく減少してきていた。

ところが、環状線（セントラム）が導入されて以降、利用者は逆に増加し、２０１５年時点では整備前から**36％も利用者が増加**している。つまり、環状線（セントラム）投資は、衰退し続けていた富山の市内電車を**「Ｖ字回復」**させたのである。

こうした結果はもちろん、多くの人々がクルマをやめてＬＲＴを使うようになったり、郊外に行く代わりに環状線の沿線エリアに訪れるようになったりなど、様々な「行動変化」を起こしたからこそ得られたものだ。仮に、富山港線（ポートラム）と同様のパターンで行動が変わったのだとすれば（つまり、増加需要の約２割がクルマからの転換、約４割が新規需要と仮定）、**「クルマからの転換」が年間約28万人、「かつては違う行動をしていたがＬＲＴができたから『ＬＲＴ沿線』に出かけるようになった」人々が年間約50万人**に上ると推計される。

つまり、この環状線のＬＲＴ投資もまた、富山の人の流れに大きな変化をもたらし、様々な経済効果をもたらすことになる。

図18　「旧富山市」に占める「LRT富山港線（ポートラム）沿線エリア」の住宅の新規着工件数のシェアの推移

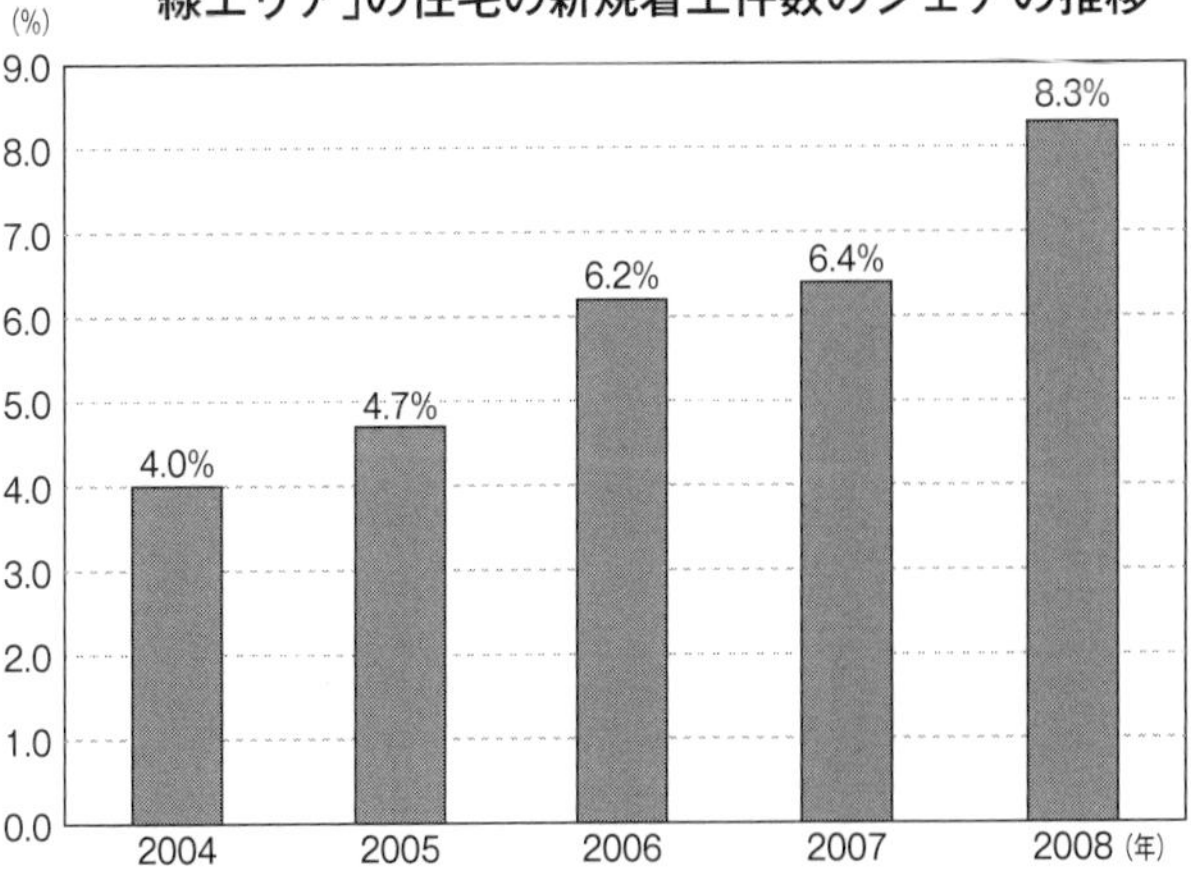

出所：富山市環境部環境政策課資料「環境モデル都市富山」

図19　富山の市内電車の利用者数の推移

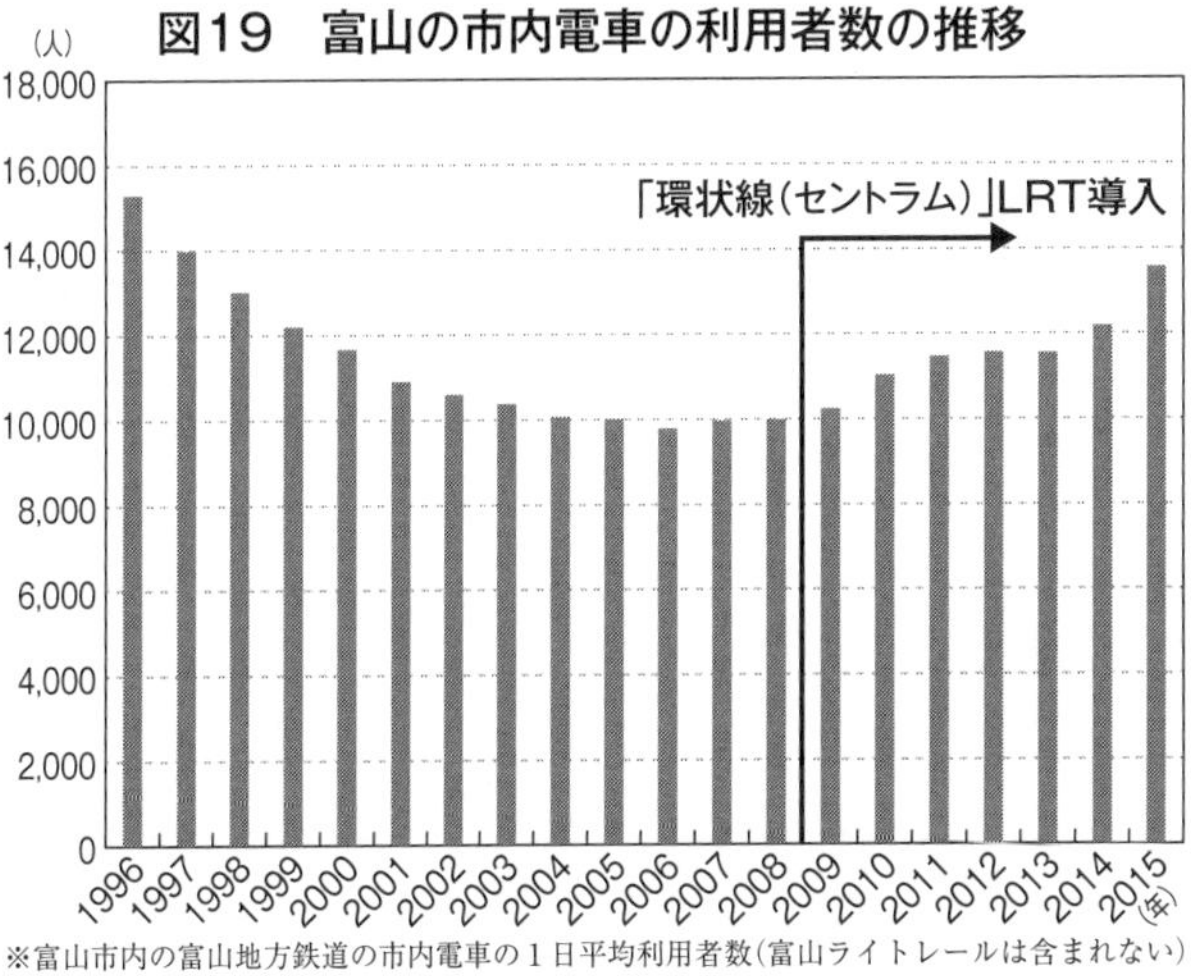

※富山市内の富山地方鉄道の市内電車の１日平均利用者数（富山ライトレールは含まれない）
出所：富山市ホームページ「市内電車乗車人員データ」

実際、平成28年1月時点で、環状線（セントラム）沿線を中心に、**4・9〜7・5%もの地価上昇率**が確認されている。富山県全体では、**平均地価が24年間連続で下落しているこ**と、そして、北陸三県の他県中心都市（金沢市、福井市）においてこうした地価上昇が**全く確認されていない**ことを踏まえるなら、この富山の中心部の地価上昇率は驚異的である。これはもちろん、ＬＲＴ投資によって富山の中心部に民間投資が促されていることを示しているのである。

つまり、**富山の中心部は、クルマのために捧げられがちな「まちなかの道路空間」を上手に活用したＬＲＴによって確かに活性化しつつある**のである。

富山市のＬＲＴは「最小の投資」で「最大の効果」

このように、北部の富山港線（ポートラム）も、南部の環状線（セントラム）も、富山市のＬＲＴは大きな成功を生み出している。

とはいえ、それはもちろん、街の中心部のシャッター街がすべて一掃され、まちなかの至る所で人が溢れ出る状況になった、というほどの水準には至っていない。典型的なクルマ社会である富山では、やはりいまだに中心部にはシャッター街は残されているし、郊外の大型ショッピングセンターは大量の人々を日々、吸収し続けている。

しかしそれでもなお、ＬＲＴが大きな成果を挙げたことは間違いない。ＬＲＴは確かに、年間数十万人から１００万人以上もの人々の行動に影響を与え、郊外からまちなかへと人の流れを引き戻し始めたのである。様々な民間投資もＬＲＴ沿線に誘導されるようになり、街そのものがコンパクト化する方向へと動き始めている。

90億円

こうした成功の背景には、90億円という公共の投資が必要であったことは間違いない。一般の人々の中には、この数字を耳にすれば、なんと凄まじい多額の予算が必要だったのかと驚く方もおられるかもしれない。

しかし、まちづくりやくにづくりのスケールで考えれば、この90億円という数字は必ずしも大きいものではない。そもそも今回つくられた富山港線（ポートラム）と環状線（セントラム）の総延長は、約11㎞。そして、一般的なＬＲＴへの投資金額といえば、おおよそ１㎞あたり30億円程度といわれている。したがって、これだけのＬＲＴを整備するためには、通常なら、少なくとも３００億円程度が必要であったはずなのである。

ではなぜ、富山のＬＲＴは富山港線（ポートラム）にせよ環状線（セントラム）にせよ、その整備費用がここまで低く抑えられたのかといえば、富山がここ最近までずっと、（モータリゼーションの圧力に屈せずに）**「鉄道」や「路面電車」という地域資産を保持し続けてきたから**である。この鉄道・路面電車の線路を利用し、それに最小限度の追加投資を図ることで作りあげたのが、ポートラムでありセントラムだったのである。

例えばポートラムは、そもそも**ＪＲ西日本の富山港線**を譲り受け、それを改修することで作りあげたＬＲＴだ。その際に新規に整備した線路は、１・１㎞の区間だけ。一方、セントラムは、いまだに現役で活躍している富山地方鉄道の「**路面電車**」の軌道を活用し、その軌道と軌道の間の一部区間に線路投資を行ない、「環状線」化したものである。その際の追加投資は０・９㎞だった。つまり、**富山のＬＲＴの８割以上が既存の古い「鉄道路線」を使って作りあげられている**のである。

しかも、その新しく軌道がつくられた合計２㎞の区間についても、「用地買収」は不要であった。なぜならその２㎞区間には、それまで「クルマ」が使用していた「**道路空間**」を**活用**したからだ。つまりその軌道は、**道路からクルマを一部締め出す**ことで確保されたのである（それが「一部」であるのは、その軌道はクルマと供用する形で整備されたものだからである。なお、このクルマの一部締め出しによる混乱はほとんど報告されていない）。

いずれにせよ、富山市のＬＲＴの取り組みは「**最小の投資**」で「**最大の効果**」**を引き出し**

ている事例といいうるものなのである。

「歴史的な地域資産」を最大限に活用したＬＲＴ整備

ただし、富山市がＬＲＴ整備を行なうにあたって活用している地域資産は、路面電車などの既存鉄道インフラだけではない。

富山市内の「歴史的な地域資産」もまた、ＬＲＴ整備によるコンパクト化戦略の中で最大限に活用されている。

その筆頭が、**「富山城」を中心とした「富山城下町」**だ。

何百年にもわたるこの富山城を中心とした「政府（藩）投資」「民間（町衆）投資」によって、富山の中心部には「市街地」が形成された。そして近年ではその中に商店街をはじめとした商業エリアも作りあげられ、多くの富山市民で賑わっていた。ところがそれがモータリゼーションの流れの中で寂れていき、その一部がシャッター街化していったのである。

しかしその流れは、長い富山の歴史の中でいうなら、ごく最近のことにすぎない。まだまだ富山の中心部には、長い歴史の中で蓄積されてきた大量の都市資産が残されている。

そこには**「富山城」「公園」**があり、シャッターが降りている店が多いとはいえ、まだまだ多くの「**商店**」や「**建築物**」、そして「**繁華街**」が残されている。大資本が投下して作りあげられた最新の「**ホテル**」や「**レストラン**」、さらには行政主導でつくられた「**国際会議場**」もある。そして何よりそこには、都市の骨格を形成する「**高密度の道路ネットワーク**」がある。言うまでもなく富山県において、これだけ高密度に歴史的な都市資産が蓄積されたエリアはこの地をおいて他にない。

すなわち、**富山の中心部はまだまだ大きな潜在的魅力を保持し続けている**のである。

そうした歴史的な都市資産が今日、十分に活用されなくなってきたのは偏《ひとえ》に、7割、8割の移動がクルマに依存するという激しいモータリゼーションのために、人々がよその場所に行くようなったからに他ならない。

だからこの大量の歴史的な地域資産が残された**中心部に大量の人々を流し込む新しい装置**さえつくることができれば、まだまだその資産は十二分に活用可能だったのである。

そしてまさにＬＲＴ、とりわけ環状線（セントラム）はそうしたコンセプトの下、**中心部に大量の人々を流し込むための装置**として作りあげられたのである。

しかもその中心部には、**その地の最大の資産の一つである「道路」を活用して「グランドプラザ」という広場がつくられた。**このグランドプラザは連日、多くの人々で賑わい、周辺に広がっていた「シャッター街」にも人の流れを流し込む装置として機能していることは第1章で紹介した通りだが、その背景には、このグランドプラザの真ん前にＬＲＴの駅を設けたことがあったのである。つまり、富山市の交通まちづくりにおいて、**この広場を中心とした都心部に、ＬＲＴによって大量の人々を流し込む布陣がしかれた**のである。グランドプラザの賑わいは、それが功を奏したことを象徴しているのだ。

一方で、「富山城」に並ぶもう一つの重要な歴史資産が**「富山港」**であった。富山港は、江戸時代の「北前船」で作りあげられた歴史的な地域資産であり、この歴史資産に観光客をはじめとした人の流れを流し込む「装置」として、富山港線（ポートラム）が整備された。そしてこの「装置」のおかげで、富山港の観光施設には3倍以上の利用客が押し寄せているということは、先に紹介した通りだ。

このように、**富山のＬＲＴは、何百年という年月をかけて少しずつ形成されてきた歴史的な地域資産に接続し、それらを最大限に活用する形で整備された**のである。

そしてそれによって、**地域資産とＬＲＴの共存共栄の契機**を得たのである。

富山の地域資産はＬＲＴによって多くの人々が「供給」されることで「活性化」した。

一方で、ＬＲＴはそうした富山の地域資産の利用者を「取り込む」ことで十分な利用者を確保できた。

この両者の相乗効果の下で、両者が互いにさらに活性化することとなったのである。

いずれにせよ、「まちづくりの成功」は、「交通」の問題をうまくクリアしなければ達成できない。「交通」と「まちづくり」の共存共栄、相乗効果をめざした**「交通まちづくり」**だけが、街を甦らせる力を持つのであり、富山でのＬＲＴの取り組みはその「交通まちづくり」と呼ばれる取り組みの典型例となっているのである。

ＬＲＴと「北陸新幹線」の接続で富山市内各地が首都圏と接続された

ただし、こうした歴史的な都市資産により多くの人々を流し込んでいくためには、**「人の流れの大口供給源」**が必要だ。

この富山の交通まちづくりにおいて、その大口供給源として活用されたのが「ＪＲ富山駅」であった。すなわち、富山港線（ポートラム）と環状線（セントラム）のいずれも、このＪＲ富山駅を「起点」とするかっこうで整備されたのである。

ＪＲ富山駅は明治時代につくられた歴史的な交通インフラであり、関西、東京、名古屋という三大都市圏とＪＲ線で接続された交通の要所だ。したがってＪＲ富山駅には日々、他地域から多くの人々が供給され続けている。だからこそLRTをJR富山駅に接続しておけば、JR富山駅に供給されている多くの人々を、さらに富山の中心部や富山港に「流し込んでいく」ことが可能となるわけである。

そしてそのJR富山駅に供給される人流は、近年とりわけ、飛躍的に拡大した。

2015年に**北陸新幹線**がJR富山駅に接続されたためだ。

今やJR富山駅は、首都圏まで新幹線で2時間強で接続されている。結果、首都圏からの人の流れがさらにより多く、JR富山駅に供給されることとなった。実際、首都圏方面から北陸方面への鉄道利用者は、北陸新幹線の開通によって、実に3倍にも膨れあがっている。

だからこの大量の人々のJR富山駅への供給が、今日のLRTの利用者数の上昇、ひいては、富山の中心部に訪れる人々の増加に直接結びついているのである。

しかも、環状線（セントラム）とJR富山駅との接続性をさらに高めるため、JR富山駅の「構内」まで引き込むための追加投資も行なわれた。これにより、北陸新幹線の開通効果はさらに拡大された。

ただし、新幹線を利用するのは首都圏をはじめとした、富山以外の人たちだけではない。富山に住む人々もまた、首都圏などに移動する際に、JR富山駅を利用する。そして、そういう需要は北陸新幹線の開業に伴って飛躍的に上昇した。この富山市民の首都圏などへの移動需要の増加もまた、ＬＲＴの利用増に大きく貢献しているのである。

以上を踏まえるなら、今日のＬＲＴの成功は「歴史的な地域資産」を活用した「交通まちづくり」をミクロスケールで進めたことに加えて、**国土軸形成というマクロスケールの取り組みによって首都圏と接続された「ＪＲ富山駅」を活用した**ことが、重要な背景であったことが見えてくる。

つまり、富山のＬＲＴは、ＪＲ富山駅と富山市内の各地を接続することで、

首都圏など ←（北陸新幹線）→ **ＪＲ富山駅** ←（ＬＲＴ）→ **富山市内各地**（商業・観光地&住宅地）

という人の流れをつくりだしたのである。ここで、ＬＲＴがなければ、ＪＲ富山駅に訪れた多くの人々が、富山市内の様々な歴史資産に到達できないまま、帰路につくことにもなったであろう。またその逆に、ＬＲＴによってＪＲ富山駅に行きやすくなったために、富山の人たちが他地域に出かける機会も増えた、ということも考えられよう。

既に、富山市民を中心とする富山市内における人の流れが、ＬＲＴによって大きく変わっ

たことを指摘したが、ＬＲＴはそうした富山市内エリアだけのミクロな人の流れを変えただけではなかったのである。北陸新幹線という国土軸にＬＲＴが接続されたことで、富山市内エリアを越えた、**国土スケールの人の流れにも影響を与えた**のである。そしてそれはもちろん、富山市内の商業、観光をさらに活性化すると共に、富山市民の生活利便性の向上にも貢献するという帰結に結びついているのである。

富山の「交通まちづくり」はクルマ社会と戦う「ゲリラ戦」

以上に紹介した富山のＬＲＴは、交通やまちづくりの分野の「玄人筋」では、知らぬ人のいないほどに有名な成功事例だ。先に指摘したように、開通以後、実に多くの人々に利用され、周辺の施設の入れ込み客は増え、周辺エリアの投資は進み、地価の上昇も確認されている。

そしてその成功は、90億円もの「巨大な予算」があって初めて成功した事例なのだ――と認識されている。

しかし、その経緯を詳しく見れば、全く違った姿が見えてくる。

新しくつくった軌道路線はたった２㎞。その路線用地も、新しく用地買収をしたのではなく、クルマ専用の既存の道路空間を「転用」して用意された。接続先も既存の歴史的な都市資産を最大限に活用するもので、しかも、その整備プロジェクト自身が北陸新幹線という**数兆円規模の国家プロジェクトに「乗っかる」**形で進められたものなのだ。

それはいわば、莫大な予算の下、無から有をつくりだした巨大プロジェクトではないのだ。それはあくまでも、限られた予算の下、富山という地理空間に与えられた既存の資産を最大点に活用しつつ、いわば数多くの「他人のふんどし」を借りるかっこうで進められた、**数々の工夫に充ち満ちた手作りプロジェクト**なのである。

もし仮にこの富山の「交通まちづくり」の取り組みを比喩的に描写するとするのなら、それは「民間の大資本が市場原理の中で進めるクルマ社会」と対峙する**「ゲリラ戦」**の様相を呈しているということができるだろう。

富山における人の流れを根こそぎ持って行った「クルマ」は、日本を代表する巨大産業である自動車産業によって供給され続けている。自動車産業といえば、デフレに苛《さいな》まれグローバル競争の中で敗北を続ける日本経済においては最後の「虎の子」ともいえる最重要産業だ。だから自動車産業それ自身を攻撃する実質的な力を所持した勢力など、日本国内にはほとんど皆無だ。今や、自動車販売は、「国是」とすらいいうる商行為となっている。だからこのクルマの国民的普及を阻む者など誰もいないのであり、富山市民に対してもクルマは普及され放題の状況にある。

一方で、そのクルマが人々を流し込む先は、日本有数の大資本家による数十億円、あるいは100億円以上もの巨大な投資で作りあげられた巨大なショッピングセンターだ。富山のLRTがせいぜい年間100万人程度の集客を増やしたにすぎない一方で、大型ショッピングセンターは、たった一つで、年間1000万人程度もの大量の人々を吸い上げる力を持っている。

しかもそれは一つだけではない。

大小あわせれば、何十、何百という夥しい数の民間資本が、富山の郊外に民間資金を投下し続け、大量の人々を吸い上げ続けている。

そして大資本家たちは、郊外の広大な住宅地開発にも、巨額の資金を投下している。この巨大民間投資によって、街の中心部から郊外への大量の移住者を生み出し、街の中心部の空洞化を決定付け、そしてクルマ社会を決定的に深刻化させたのである。

言うまでもなく、こうした商業、住宅に対する郊外での民間投資は、あくまでも「民間の市場原理」で投下されているものにすぎない。そこに歴史的資産があるからとか、地域を活性化する公的意義があるからといった論理で投下されているものでは決してない。だから、大型ショッピングセンターは、**暴力的ともいいうる態度**で、その地のそれまでの歴史も文脈も関係なく、何もない格安の広大な郊外の土地に広大な売り場をつくり、大量の大量生産品を陳列し、広大な駐車場をつくって大量の地域の人々を吸い上げる装置としてつくられる。郊外の広大な宅地開発を進める態度もそれと同様だ。だからこうした投資が行なわれるのは、投下した資本に見合う以上の収益が得られるだろうという**ビジネス上の経営判断**があるからにすぎない。

一方で、そうした**巨大資本の民間の力に比して、地方政府の力はあまりにも弱い**。

まず第一に、巨大資本が投下して作りあげるような巨大な空間や施設を作りあげる財力は地方政府には全くない。せいぜい数十億円程度の費用を、国から大量の「補助」の支えを受けながらどうにかこうにか用意する程度の力しかない。

しかも彼らは**「金儲け」という単一目的のためでなく**、「地域社会・地域経済の活性化」「歴史と伝統の保持」「高齢福祉」といった多様な目的に逐一配慮しながら投資を行なわなければならない。この点において、地方政府は民間資本と競争するにあたって**巨大なハンディを背負っている**わけだ。

つまり地方政府は、ビジネスを展開する巨大資本に比して財力も決定的に弱い上に、大きなハンディを背負って事業を展開しなければならない。そうである以上、**地方政府は「勝てる見込みのない戦い」を強いられている状況にある**といって何ら過言ではないのだ。

――にもかかわらず「負けを覚悟」で戦うとするなら、その戦いは**必然的に「巨大な武力を持つ大勢力」と対峙する「ゲリラ戦」の様相を呈せざるをえなくなる。**

すなわち地方政府は、自然地形を活かして岩陰や山陰に隠れ様々な工夫をこらしながら小さな武器で戦うように、既存の地域資産を最大限に活用しながら様々な工夫をこらしながら小さな投資でプロジェクトを進める他ないわけだ。地方政府の取り組みがそうした**「ゲリラ戦」**でしかない以上、「完全な勝利」はほぼ絶望的だ。しかしクルマ社会の弊害がこれ以上深刻化し、富山の街の疲弊がさらに悪化しないように、少しずつでも富山の活力を取り戻していく――これこそ、富山市がＬＲＴの整備を中心に行ってきた「交通まちづくり」の真実の姿なのである。

この富山の「交通まちづくり」の試みが、これからも決して途切れることなく、延々と続けられることを、そしてその取り組みを通して富山の街が少しずつでも活気づいていくことを、心から祈念したい。

第5章　「クルマ利用は、ほどほどに。」

——マーケティングの巨大な力

「マーケティング」には、社会を変える大きな力がある

富山のLRTの取り組みは、「公共交通を便利」にすることで、年間100万人以上の人々の行動を変えた。

ただしこの富山の事例は、図17にリストした、「クルマを使わない」というライフスタイルへの行動変化を導く様々なアプローチのうちの**ごく一部**を活用しているにすぎない。

とりわけ、図17に示した様々なアプローチにおける、**「一人ひとりの個人」に働きかけて、行動変化を「直接」的に促す方法**は、この富山の事例では必ずしも十分に活用されてはいない。

この方法はしばしば、専門用語で「心理的方略」と呼ばれるが、これは要するに、ターゲットの「イメージ」や「風潮」を作りあげたり変えたりするためのマーケティングやプロモーション、あるいは、ブランディングなどと呼ばれる取り組みだ。

一般的にいって、こうした**マーケティングやプロモーション、ブランディングは、人々のライフスタイルに決定的に重大な影響を及ぼしうる。**

例えばかつて、昭和時代の日本人男性の喫煙率はおおよそ80%という高い水準であった

が、今となっては30％程度にまで激しく下落している。もちろんこの変化には、２０１０年のたばこ税の大幅引き上げの影響もあるものの、その時点でも喫煙率はかつての半分の40％だったのだ。つまり、この喫煙率の大幅な下落の最大の原因は、**日本人のタバコに対するイメージや風潮が一変**したことだった。かつては、喫煙は「カッコいい」という風潮があったが、現代ではそういうイメージは後退し、「体に悪い」というネガティブなイメージが優越し始めているわけだ。

この**社会風潮の変化の背後にあるのは、タバコがカッコいいというイメージ戦略をメーカー側がやらなくなった（できなくなった）こと**だ。かつては、タバコ産業が膨大な広告宣伝費を使って、タバコを「カッコいい」ものとして宣伝するＣＭや広告、テレビ番組などが大量に流されていたが、今日ではそれが全くなくなった。一方で、テレビでは「受動喫煙」や「喫煙マナー」「分煙」のＣＭばかりが流されている。だから今の若者たちはもはや、タバコが「カッコいい」というイメージのメッセージにはほとんど触れない一方、「望ましくないもの」というメッセージばかりに触れているわけだ。これが、昨今のタバコ離れの決定的理由となっているのである。

自動車業界による毎年1兆円規模の「マーケティング」が、モータリゼーションを生んだ

あるいは、「クルマ」は今でこそ、（長引くデフレの影響も受けた）若者が離れつつあるとはいわれているものの、それでもいまだに「便利な道具」というもの以上の価値が、社会的に強固に共有され続けている。「カッコいいクルマ」を持つことは、その人物の一つのステータスシンボルとしての意味をいまだに持ち続けている。これはもちろん、**自動車会社が巨額の資金を投入して徹底的に行ない続けているマーケティングの「賜《たまもの》」**である。

そもそも、各自動車メーカーの広告宣伝費は想像を絶するほどに巨大な水準にある。例えば**トヨタ自動車は4351億円、日産自動車は3367億円**の広告宣伝費を投入している（2015年）。富山市のLRT整備費を基準に考えるなら、**日産なら約40セット、トヨタなら約50セットも「富山のLRTシステム」をつくることができる資金**を、単なる広告宣伝費に毎年毎年、投入していることになる（余談だが、これこそ、富山市の取り組みがいかに「ゲリラ」的取り組みであるかの証左だ）。

もしも広告宣伝にさして効果がないとするなら、グローバルマーケットで激しい競争にさらされ続けているトヨタや日産が、これだけ巨額の広告宣伝費を投入し続けることなど絶対

にありえない。彼らはそれだけの巨費を投じても、十分に回収できるほどの売り上げ増があると確信しているのだ。

ここで、トヨタ、日産だけでなくその他の自動車メーカーも含めれば、自動車業界が投入している広告宣伝費は、**1・2兆円**という凄まじい水準だ。これだけの巨額の広告宣伝費が、日本人のクルマに対するイメージ、ひいては、ライフスタイルに巨大な影響をもたらしているのである。逆にいうなら、上述のタバコのように、こうした広告宣伝のすべてを一切取りやめれば、タバコ利用者が激減していったように、人々のクルマ依存傾向も大きく退潮していくことは間違いない（そしてそれはもちろん、図16から示唆される数々の帰結、すなわち、公共交通の活性化や都市のコンパクト化、地域経済・地域社会の活性化、地域の魅力や地方行政サービスの向上、地方人口増加をもたらすことになろう）。

いずれにせよ、これらを踏まえるなら、今日の日本にこれだけ強烈なモータリゼーションが訪れた背景には、自動車業界による巨大資金を投じた**徹底的なマーケティング**（あるいは、プロパガンダ）があったのである。

「交通まちづくりマーケティング」はほぼ皆無

しかしその一方で、モータリゼーションによる街や地方の衰退を食い止めんとする「まちづくり」や「交通」関係者たちが、それに匹敵するほどの費用をマーケティングに投入しているかといえば――ほとんど皆無の状況だ。

そもそも、全国の地方政府が公共交通に投入している資金それ自身が、限られている。その水準は、先に紹介した「自動車業界のマーケティング費用」と比しても圧倒的に少ない、という寒い状況だ。例えば、**中央政府が全国各地の鉄道の「投資」のために投入している総予算は、トヨタ一社の「広告宣伝」のための5分の1程度の水準**しかない。言うまでもなく「バス」に至っては、それよりもさらに圧倒的に少ない水準だ。

だから結局、「交通まちづくりのためのマーケティング」に投入されている予算は、自動車業界のそれに比べれば、ほぼ「ゼロ」といってよい水準なのである。つまり、そもそも公共交通に対して政府が投入する公的資金自身が少ない中、やらなければならない投資が多く、結果的に、広告宣伝やマーケティングに資金を回す余裕などほとんどない、というのが現状なのだ（それは、富山においても同様の状況だ）。

結果、「交通まちづくりのためのマーケティング」は、全くといっていいほど進んでいない。

しかし、ほとんど広告宣伝をしておらず、かつ、ほとんど売れていない「商品」ならば、わずかなマーケティングだけで大きな販促効果が得られる可能性がある。なぜなら、それなりにマーケティングをかけている「商品」については、人々に十分周知されているので、どれだけ努力してもさらなる販売促進は困難である一方、全然マーケティングをしていない「商品」については、その「よさ」が人々に全く知れ渡っていない以上、ちょっとしたマーケティングで飛躍的に販売拡大していく可能性があるからだ。

しかも、ほとんど売れておらず、シェアのごく一部しか占めていない「商品」の場合には、残りの大多数の人々の「ごく一部」だけでも、その「商品」を使うように「転換」すれば、それだけで瞬く間に2倍、3倍に、販売量が増えていくことにもなる。

言うまでもなく、今日のモータリゼーションが進んだ現代日本の「公共交通」や「街の中心部の商店街」は、まさに「ほとんど広告宣伝しておらず、ほとんど売れていない商品」の典型例だ。だから、「交通まちづくり」において何よりも重大な意味を持つ**「クルマを使わないライフスタイル」**や**「まちなかにバスや電車で訪れて買い物をするライフスタイル」**

は、**わずかなマーケティングで大きく拡大していく大きな可能性を秘めているのである。**

京都市の「交通まちづくりマーケティング」の絶大な効果

こうした背景の下、ここ最近、様々な「交通まちづくり」のための「マーケティング」や「プロモーション」「ブランディング」の取り組みが日本中で進められるに至っている。これはいわば、**「交通まちづくりマーケティング」**ともいいうるものだが、交通政策の専門家の間では、こうした取り組みは一般に**「モビリティ・マネジメント」**と呼ばれており、現在、日本各地で様々な形で進められている。そうした取り組みは、年に一度の「日本モビリティ・マネジメント会議」（ＪＣＯＭＭ）と呼ばれる全国会議の中で様々な自治体や研究者、交通事業者たちから発表されているのだが、その中の典型例の一つが、京都市が進める**「歩くまち・京都」**の取り組みだ。

この「歩くまち・京都」は、クルマからその他の手段への「モーダルシフト」と同時にまちなかの活性化を目的とするもので、各種の公共交通の活性化事業や四条通りの歩道拡幅などの「交通まちづくり」の取り組みの総称だ。そしてその中の目玉プロジェクトとして進めているのが、「交通まちづくりマーケティング」（モビリティ・マネジメント）なのである。

彼らの「交通まちづくりマーケティング」には、毎年約２０００万円程度の予算が措置されており、その内容は、クルマからのモーダルシフトをめざしたメッセージを配信する**ラジオ放送**や**小学校の授業**の展開、さらには、特定鉄道・バス路線の**沿線住民を対象とした公共交通のプロモーション情報の提供**など、毎年何十というマーケティング事業を展開している。

この２０００万円という金額は、先に紹介したトヨタや日産の広告宣伝費に比べればほぼゼロといってよい程度の水準だ。しかしそれでもなお、全国の自治体に比べれば、筆者が知る限り、最も大きく、かつ継続的なマーケティング予算となっている。いわば、この交通まちづくりマーケティングの取り組みも富山市のＬＲＴ戦略同様、**「ゲリラ戦」**の様相を呈しているわけである。

さて、このマーケティングでは、公共交通の路線や時刻表情報なども含め、実に様々な情報が提供されているが、そのメインメッセージは**「クルマ利用は、ほどほどに。」**というものである。

詳細は後ほど詳しく紹介するが、このメッセージを提供し続けた結果、マーケティング開始から5年が経過した平成25年度の時点で、実に**「4割以上の市民」がこの交通まちづくり**

マーケティングの情報に接触し、それを通して「クルマを控えよう」という京都市民の数が**「17%増加」**している、という結果が得られている。

この17%とは、人数にして**13万人に相当**する。

言うまでもなく、13万人の人々が、多かれ少なかれ、クルマ利用を減らし、公共交通利用を増やせば、京都のモビリティに及ぼす影響は決して小さなものではない。実際、過去10年の間に、京都の**自動車の分担率が3・8%も縮減**する結果に結びついている。具体的にいうなら、クルマのシェアが28・2%から24・4%へと減少しているのだが、それは**京都におけるクルマ利用が13・5%も減少**したことを意味している（藤井他『モビリティをマネジメントする』学芸出版社、2015）。

つまり、クルマやタバコのマーケティングが人々の行動やライフスタイルに大きな影響を与え、マクロな影響を私たちの経済や社会に大きく与えたように、**京都市の「交通まちづくりマーケティング」は、京都で移動する人々の行動やライフスタイルに影響を与え、京都全体の人の流れを確実に「変化」させた**のである。

しかも、以上の数字に基づいて年間トータルでどれだけクルマ移動が縮小したのかを推計すれば、それは、**「2000万〜3000万回」**程度（あるいはそれ以上）という水準となる。

先に富山市のＬＲＴで縮小したクルマ移動は、トータルで年間数10万から１００万回程度だと紹介したが、それとはまさに「桁違い」の水準だ。もちろん、京都市のこのクルマ利用の縮小量がすべてマーケティングによってもたらされたものとは必ずしもいえないという点や、京都市は富山市の３倍以上の人口がある、という点を踏まえて割り引いたとしても、交通まちづくりマーケティングはやはり（たかだか２０００万円程度のわずかな資金しか投入されていないといえど）、**交通の流れを変える凄まじい力を持っている**といわざるをえないのである。

ラジオをきっかけにクルマを1台手放した中村薫アナウンサー

では、京都市では一体どのような「交通まちづくりマーケティング」が行なわれたのか。ここではそのプロジェクトにおける最も代表的なものとして「ラジオ番組」を通した取り組みについて解説してみよう。

京都市は、民間ラジオ局「ＫＢＳ京都ラジオ」（放送エリア人口１９６１万人）と連携し、２０１０年から毎年、秋から年度末にかけての約半年間、「歩くまち・京都タイム」という京都市がスポンサーとなるコーナーをつくり、「交通まちづくりマーケティング」を、ラジオ聴取者を対象として展開している。このコーナーは、毎週月～金曜日午前6時半～午前10時に放送されている**「笑福亭晃瓶《こうへい》のほっかほかラジオ」**という、番組内に設けられたもので、朝7時、ないしは8時からの約5分間、放送している。

このラジオ番組は、今年（平成29年現在）で20周年を迎える、京都では高い人気を誇る長寿番組だ。したがってこの番組で毎年、約半年間、定期的に「クルマからバス、電車へのモーダルシフトを促す交通まちづくりマーケティング」のメッセージを提供することは、京都市民を対象とする広範な人々の意識や行動、ライフスタイルの転換を促す効果に結びつくことが期待できるわけだ。

実際、このラジオコーナーが始められてから3年目の時点で、京都市民を対象としたランダム調査で、**このラジオ・コーナーを聞いたことがある人は、全体の1割以上いる**ことが示されている。現時点でそれからさらに4年が経過したことを踏まえるなら、このラジオ番組情報は、京都市民のさらに多くの人々に届いているものと考えられる。

そして、このコーナーの目玉メッセージは、先にも紹介した**「クルマ利用は、ほどほどに。」**というもの。

その内容は、大学教授である筆者がパーソナリティである落語家の笑福亭晃瓶さん、アナウンサーの中村薫さんとトークしながら、クルマばかり使っていると肥満につながって健康を害してしまうだとか、意外とクルマの維持費にはオカネがかかっておりタクシーを使う方が経済的だとか、子供の教育にも、女性のおしゃれにも悪影響があるだとかといった、**「クルマを使っていると、意外と損することがいっぱいある」という情報を、毎回1ネタずつ紹介していく**、というものだ。

こうした情報はいずれも、心理学や医学、交通計画や交通行動分析などの分野の様々な学術的知見に基づく**客観的なデータ**であって、これを用いて紹介するのがこのコーナーの特徴だ。

このコーナーでは、随時リスナーの感想や意見などをはがき募集しているが、そうしたリスナーの反応を拝見していると、その多くが、「クルマ利用にそんな側面があるとは知らなかった、これからはクルマ利用をできるだけ控えるようにしようと思う」という声であった。

しかも、アナウンサーの中村薫さんのお話によれば、薫さんはこのコーナーで毎年いろいろな話を聞いているうちに、クルマに頼ってばかりいるといろいろな困ったことも出てくる、特に、出費がかさんでしまうのは避けがたいだろうと感じ、**実際にクルマ保有台数を1**

台減らしたとのこと。だけど大して不便さはない、1台あれば特に問題なくやっていけます、とおっしゃっていた。

薫さんや、はがきを送っていただいたリスナーの方以外にも、このラジオ番組を聴いて実際に、クルマに頼る行動やライフスタイルを変えた方が多数おられるようだ。

例えば、先に紹介した京都市民を対象としたランダムアンケート調査は、（全体の約1割程度である）**ラジオを聞いたことがある人**は、そうでない人よりも（ラジオを聞く前よりも聞いた後の方が）、**クルマで外出する頻度が13・3％も減少**していることを示している。同時に、彼らが**公共交通（電車、バス）で外出する頻度が15・3％増加している**ことを示している（宮川他「マスメディアを活用した大規模モビリティ・マネジメント施策の有効性の検証」第32回交通工学研究発表会論文集より）。

つまり、この**ラジオ放送は実際に、京都市民の、クルマから公共交通へのライフスタイルの転換、モーダルシフトを生み出している**のである。

「クルマ利用は、ほどほどに。」でダイエットできる

それでは、なぜ、このラジオコーナーが、それだけの人々の行動、ライフスタイルを変え

る力を持ったのか——この点を確認するため、ラジオ番組で紹介した主要な情報を、パーソナリティの方々とのトークの雰囲気も含めつつ、一つひとつ紹介していくこととしよう。

その代表的なものが、**「ダイエット」**の話題だ。

クルマというものは、至って便利なもので、楽なものだから、ついつい毎日クルマに頼った暮らしを続けがちになる。しかし、「楽だ」ということは逆にいうと、体を動かさないので消費カロリーが少ない、ということなのだから、やはり、毎日毎日使っていると、どうしても「肥えてしまう」というデメリットもある。

ラジオでは以上を指摘した上で、具体的なデータを紹介していくのだが、このテーマについては、本書でも既に第2章で紹介したいくつかのデータを活用している。

すなわち、同じ目的地に移動する際に、クルマで移動する場合にはずっと座ってばかりだが、公共交通を使っていけば駅やバス停まで、あるいは、駅構内などで歩かなければならず、必然的に**消費カロリーがクルマを使う場合よりも「2倍以上」に拡大する**、というデータ（図9）を紹介する。そして、それを例えば毎日続けていれば、おおよそ6000kcalの消費量の相違で、1kgの体重が変わってくるのだから、年間で5kgくらいは体重が変わってくる、ということになる、という点を指摘。実際、**クルマ通勤者は、それ以外の通勤者より**

も、「肥満」である割合が、4割から5割も高い（図10）というデータや、**クルマをよく使っている国の方がそうでない国よりも肥満の割合が圧倒的に高い**（図11）というデータを紹介する。

こうしたデータを紹介した上で、ダイエットをしたい人がいるなら、毎日クルマばかり使って歩かず、週に何度かしんどい思いをしてジョギングしたりジムに通って運動する――というようなことをするのは、至って愚かなふるまいであって、クルマでなくて公共交通や自転車で通勤するようにすれば、それだけで何kgもダイエットできる、だからこそ、**ダイエットの視点からいって、クルマ利用は「ほどほど」にした方が、圧倒的に得策**なのです、などとお話しする。

このダイエットについてのメッセージは、「クルマ利用は、ほどほどに。」における、いわば「鉄板ネタ」であって、リスナーの反響も多い。例えば、次のような声がKBSまで毎年送られてきている。

「今の職場になってからクルマ通勤中心になったら5キロも太りました……。そりゃ、家のガレージから会社まで全く歩いてないですから」（城陽市・Mさん）

「転勤でクルマ中心の生活になったとたん、急激に太りました。健康診断では、ついに普通体型から肥満気味へ進化しました。ガソリン代、駐車場代、帰り道についつい外食、コンビニもすぐ寄るのでお金はどんどん出ていくのに、脂肪はどんどん溜まります」（城陽市・Tさん）

「買い物は歩きが一番！ 番組でいわれている通り、トレーニングにもなります。一度にたくさん持てないので、すぐに必要ない物は買わないし、何回も行くから頻度が増えて歩く機会もさらに増えるんですよ」（右京区・Mさん）

要するに、私たちは普段何も考えず、単なる「習慣」で日々生活しているのである。だから、その普段の行為が、健康やダイエットにどういう影響を持っているかを、ほとんど考えず、ただ昨日までそうしていたから、という理由で、その行為を続けてしまっていることが多い。だから時折、そのクルマ利用がどういう意味を持っているのかを少し立ち止まって「考えて」みれば、より健康的でより「かしこい」暮らしに、意外と簡単に変えることもできる――ということも起こるのである。

クルマをよく使う人々は心臓病や脳出血のリスクが増える

また別の回には、以上の話をベースにしながら、肥満という生活習慣病は、万病の元である点を指摘し、クルマばかりを使った暮らしをしていれば、将来、様々な病気になってしまうリスクが高くなってしまう、という話を紹介する。

筆者は、研究室の学生や医学部の先生たちと、クルマ利用と病気リスクとの関連について研究を行なったのだが、その結果、図20のような知見が得られた。詳細は割愛するが、要するにこの結果は、**「クルマをよく使う人々は、急性心筋梗塞や心不全、脳梗塞のリスクが増えてしまう」**というもの。

もちろんクルマを使っているからといって、こうした病気にいきなりなる、というわけではないが、**「チリも積もれば山となる」**だから、クルマばかりを使う暮らしを何十年も続けている場合とそうでない場合とでは、生涯における運動量が全然違ってくるのである。結果、必然的に肥満になるリスクも全然変わってくるのであり、結局、様々な病気にかかってしまうリスクはクルマ依存を続ければ必然的に高くなる――ということが**実証的な研究から**

図20　急性心筋梗塞、心不全、脳梗塞による死亡率と、各交通手段のシェアとの相関係数

	サンプル数	自動車シェア	公共交通シェア	徒歩・自転車シェア
急性心筋梗塞	1654	0.25*	−0.24*	−0.14*
心不全	1741	0.14*	−0.13*	−0.08*
脳梗塞	1775	0.28*	−0.24*	−0.23*

※出典は長谷川正憲「交通行動・交通環境が健康に及ぼす影響に関する研究」2017年度京都大学大学院工学研究科都市社会工学専攻修士論文。市町村ごとのデータを使用。「相関係数」は、完全に正反対に連動している場合−1、完全に連動している場合+1となる係数。「＊」のマークは、その相関が「ゼロ」である確率が1未満である、というほどに強い相関があることを示している。

も明らかにされたという次第だ。

ダイエットを気にするならもちろんのこと、将来の健康リスクも踏まえるなら、やはりクルマ利用は「ほどほど」にしておくことがどうやら、得なのではないでしょうか——と、以上のデータを踏まえながら指摘。

なお、パーソナリティの笑福亭晃瓶さんも、健康にはずいぶんと気を遣っているらしく、普段からできるだけ歩いて暮らしておられるそうだ。ただ、最近では、少し歩くのをやめて、自転車を使うようになってしまったのだが、それだけで、少し肥えてきてしまったように思う、とのこと。晃瓶さんは、そのエピソードをお話になった上で、「確かに、徒歩から自転車に変えるだけで、それだけ変化があるわけですから、クルマを使い続ける暮らしをしているかどうかで、ダイエットも健康も、全然変わってくるのも当然でしょうね」という感想をおっしゃっていた。

このエピソードでも示されている通り、**今、多くの国民は健康やダイエットに大いなる関心を払っている。**そうである以上、どれだけクルマが便利であろうが、こういうメッセージに触れれば、できるだけ控えてみよう——と考えるリスナーがそれなりに出てくるのも、至って当然のこと、なのである。

1日10分クルマを控えるだけで410kgのCO_2削減

かつてでは考えられないことだが、昨今の「風潮」では、地球温暖化など、環境の問題に配慮すること、いわゆる「エコ」に対する関心は、無視できないほどの水準に達しているようである。もちろん、福島の原発事故以来、エコに対する関心はかつてよりは幾分低迷している様子も見受けられるが、それでもなお、かつてに比べれば圧倒的に高い関心が「エコ」に寄せられている。

ラジオでは、まずこうした話をした上で、多くの人々が行なう「エコ行動」として、できるだけ家電製品を使わないようにする、という行為がありますね、と指摘。そして、仮に照明を1日60分間消灯し、それを1年間一生懸命続けても、減らすことができるCO_2の排出量を計算すると、約2kg程度にしかならないことを紹介。

同様に、「クールビズ」やら「ウォームビズ」やらで、1年間頑張って、冷暖房の温度を1℃調整し続けた場合、もう少し多くのCO_2を減らすことができる——それは32kg程度、さらに、いろんなものを「リサイクル」に出すようにすれば、燃やすごみの量も減るし、それらをつくる時に出るCO_2の量も減らすことができるので、かなり効果的にCO_2を減らすことができる——それは実に121kgです、と指摘した。

こうやって考えると、電灯を消すより、冷暖房を調整する方が16倍くらい効果的で、リサイクルに出すようにすれば、さらに効果的だ、ということが見えてくる。ただしそれらよりも圧倒的に効果的な「エコ行動」がある——それが何かといえば、**「クルマ利用を減らす」**というものなのだ。なぜなら、例えば、1日あたりわずか10分間、クルマを乗ることを控えるのを、1年間続ければ、平均的なクルマの場合、実に410kgもCO_2を減らすことができるからなのである。

図21を見れば一目瞭然だが、410kgといえば、リサイクルの3~4倍程度、冷暖房の調整の約12倍、1時間消灯することに比べれば200倍もの大きな水準である。だから、どれだけ照明をこまめに消し、クールビズやらウォームビズやらで冷暖房を調整し、毎日必死でリサイクルしていたとしても、ちょっとクルマを使うだけで、そんな努力はすべて「水の

泡」になってしまう。

逆にいうなら、クルマさえ使わなければ、リサイクルやナントカビズや節電など何もしなくても、大量のCO_2の排出量を減らすことに成功するわけである。

それほどに、クルマを使うということは、「エコ」にとって何よりも悪い問題を引き起こすものなのである。

それにもかかわらず、多くの「エコな人々」は、リサイクルや節電、クールビズなどには熱心なのに、クルマ利用に対しては無頓着なことが多い。だから今、エコバックを持ってエコ運動の集会の会場にクルマで乗り付けるなどという不条理なふるまいが、日本中に溢れているのが現状だ。

ラジオコーナーでは、まさにそういう**「無知に基づくエコ活動の理不尽さ」**を徹底的に指摘する。そして、皆さん、もしもエコライフをめざしたいなら、まずは、どういう手段で日々、移動しているのかをお考えください、ということを訴えかけるわけである。

そして、そもそもクルマを走らせる時にガソリンを40ℓも50ℓも入れているが、クルマに乗れば、その大量のガソリンがすべて燃えて、大気中にばらまかれているということをイメージしてもらいたい、あるいは、蛍光灯やテレビやエアコンという機械はクルマに比べれば

図21 環境に配慮した「エコ行動」と、そのCO_2の削減効果

「クルマを控える」ことが、最大のエコ行動！

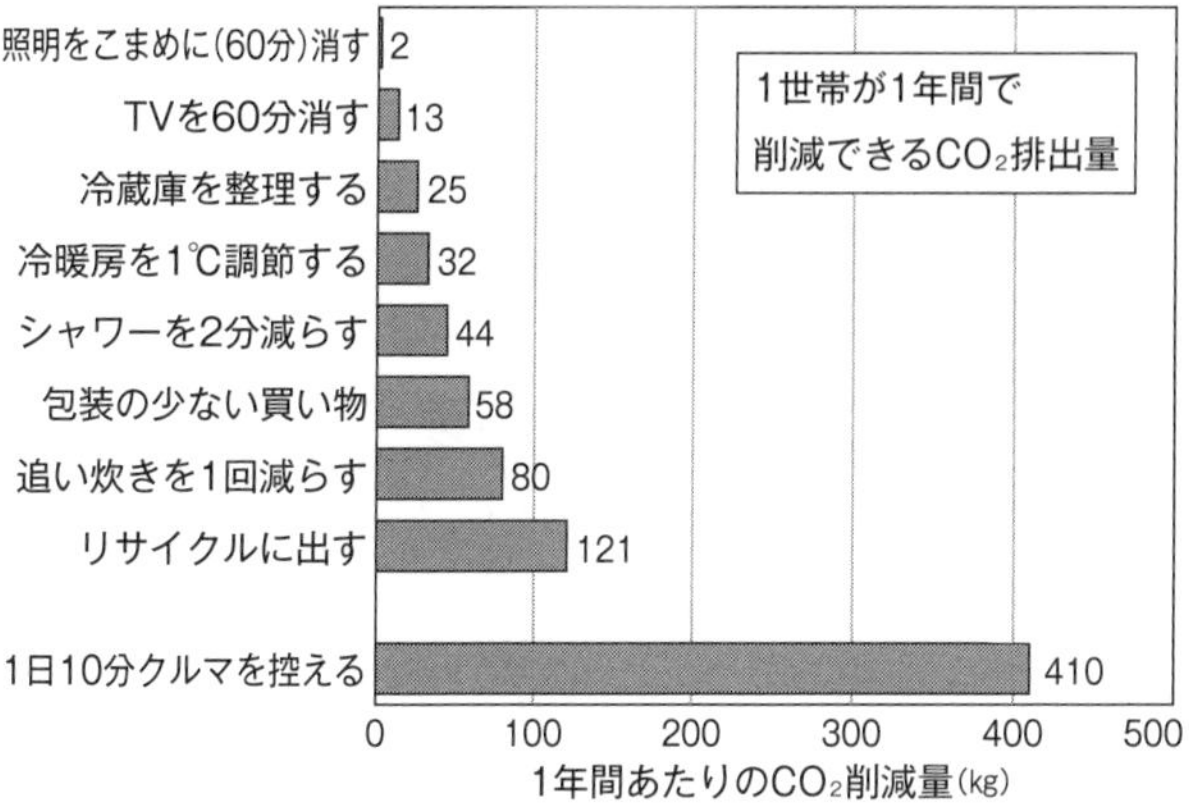

出典：日本モビリティ・マネジメント会議ホームページ

圧倒的に小さいのだから、あれをどれだけ使ったところでCO_2はさして出ない。だけど、クルマというあの「巨大な鉄の塊」があちこちに動き回るためには大量のエネルギーが必要なのであり、だからそれに伴って出るCO_2の量もハンパではないことは簡単に理解いただけるのではないか、ということを指摘する。

ちなみに、この内容をいろいろなところで紹介するたび、おおよその人々に納得いただいている。晃瓶さんも薫さんも、毎年ほぼ、同じトークをしているはずなのだが、やはり毎回、そりゃそうだと納得されている。

もちろん、エコになんて何の興味も持っていない方々もたくさんいることは間違いない。しかしそれでもなお、エコに関心のある人々がたくさんおられることも事実だ。だから、こうしたメッセージは、少なからずの人々に、クルマに頼らないライフスタイルを考えてみよう――と考え直すきっかけを与えることになるのである。本書読者でも、エコライフを考えている方がおられるなら、ぜひ一度、どういう交通手段で日々暮らしているのかを、振り返っていただきたいと思う。

クルマをやめれば家計がずいぶん楽になる

「エコ」の問題は確かに、一部の人々にしか訴求しえない問題かもしれない。しかし、誰もが大いなる関心を持っている代表的なものとして挙げられるのが――「オカネ」の問題だ。

実は、クルマに頼り切る暮らし、というのは、それを維持し続けるのにかなりのコストが必要なのだ。

どうやらクルマを使う人には、「クルマを使っても、ガソリン代くらいしかかからないから、どこかに買い物に行くだけなら、結局数十円くらいしかかからない。だけど、バスなら京都市バスの場合、均一区間で1回230円、往復で460円もかかる。だから、クルマの方が圧倒的に安上がりで、バスなんて高くて乗れない」という認識があるようだ。

図22 クルマ1台あたりの維持費を1日あたりに換算した場合の金額

クルマは（想像以上に）オカネがかかる！

1日あたりの維持費（保険・税金・駐車場代・車両代……）は

- 1000cc程度のクルマの場合
  …… 1500～2000円／日
  55万～75万円／年
- 事故・罰金、もっといいクルマの場合
  …… 3000～5000円／日以上
  100万～185万円／年以上

バス＋自転車＋タクシーのほうが経済的！

出典：日本モビリティ・マネジメント会議ホームページ

しかし、この計算は、**全く間違えている。**

そもそも、クルマは「ただ」ではない。購入する時に、１００万円や２００万円は払っている。仮にそれを7年間乗ったとしても、1年あたり15万～30万円もかかっていることになる。しかも、車検代や保険料だって、何十万円も払っているし、駐車場代だってかかる。それにもかかわらず、上記の計算では、そうした「維持費」はすべて「ゼロ」だということにして、計算しているのだ。

だからそうした「維持費」を真面目に積算して考えてみれば、かなりのコストがかかっていることが見えてくる。

図22をご覧いただきたい。この図に示したように、例えば、１０００cc程度のクルマ

（例えば、トヨタのヴィッツなど）を想定しただけでも、保険代や税金、駐車代、そして、そのクルマの車両費を「日割り」すれば、1日あたり倹約して乗っても1500円程度、普通に乗れば2000円程度もかかっている。もっといいクルマの場合や、事故や罰金などのリスクも考えれば、そのコストはもっと高くなる。1日あたり3000円、場合によっては**1日あたり5000円以上**もかかってくる。

つまりクルマを使うために、私たちはかなりの出費を強いられているのである。普段意識している「ガソリン代」は、数々のクルマのコストの中の「ごく一部」に過ぎないのである。

こうやって考えれば、バスの方が圧倒的に安上がり、なのだ。

なんといっても、乗る時にしかお金を払わなくていい。クルマの場合、仮に1週間どこかに電車で旅行に行ってしまえば、その7日間分の維持費はまるまる「損」になってしまう。何も使わない場合には、何のメリットもないのに、ただ高いカネを払って駐車場にクルマを眠らせているだけとなっている。

だからよくよく考えれば、クルマを買うくらいなら毎日タクシーを使っている方が全然安上がりなくらいなのだ。

それほどにクルマは**「ぜいたく品」**なのである。

そうである以上、バスや徒歩や自転車を上手に使い、どうしても不便な時はタクシーを使い、それでも不便な時はカーシェアリングやレンタカーを活用する――などと、様々な交通手段を**「かしこく」使いわける暮らし**をすれば、さして不便な思いをせず、圧倒的に安上がりな暮らしをすることができる。

実は筆者が個人的にこの計算をやったのが、今から15年以上前。まだ30代前半だった筆者は、この自らの計算結果にまず、驚いた。そして筆者はあれこれ考え、クルマ1台持っているのを、その時点で売り払ってしまい、クルマを捨てることを決めたのである。そうするとやはり、家計がずいぶんと楽になった。

当初はクルマがあるイメージで家計を営んでいたから、オカネが「余ってくる」感覚があったことを今でもよく覚えている。そもそも最低限の維持費やガソリン代、駐車場代のために日々お金を「用意」していたわけだが、それを払わなくてよくなったのだから、当然余裕が出てくる。しかも時折必要だった車検や保険の支払いがなくなったことでまた、大きな余裕が生まれた。こうした経験を通して、クルマを1台持ち続けるためにどれだけ重い金銭的な負担が強いられていたのか――ということを身をもって知ったのである。

――こうした話をあれこれラジオでしたところ、真っ先に反応してくださったのが、毎年ご一緒しているアナウンサーの中村薫さんだった。先にも紹介したが、彼女はかつて2台のクルマを持っていたが、この話をきっかけにそれを「1台」に減らしたという。結果、さして大きな不自由なく、十分にやっていけるとのことであったが、彼女が何より驚いたのがやはり実際にクルマを1台減らせばそれで**家計がずいぶん楽になるという実感**であった。家計を営んでおられる薫さんもまた、筆者と同様に、クルマを1台手放すことではじめて、クルマを1台持ち続けるということが私たちにどれだけ重い負担を強い続けているのかを、身をもって知ったわけである。

ちなみにこうやって、筆者の話を耳にしてクルマの保有をやめたという方は、薫さん1人だけではない。地方の講演でこの話をした後、何年かたってからのまた別の講演会に来られた方から、「あの時に藤井さんの話を1回聞いたのが忘れられず、あれから結局クルマを手放したんですよ。そうするとホントおっしゃる通り、家計が楽になりました。クルマさえなければ、オカネって余ってくるんですよね（笑）」と嬉しそうにご本人の体験を聞かせていただいたこともあった。

本書の読者の方々も、もしそういうお気持ちが少しでもおありなら、一度、検討されてはいかがだろうか。そして、クルマをすべて一気に手放すことが難しいとしても、薫さんのように、複数クルマを持っている方は、家族でよくよく話し合って、１台だけでも減らしてみる相談をされてはいかがだろうか。もしそれが実現できれば、筆者や薫さんたちのように、オカネが「余ってくる」感覚をきっと体験できるはずだ。

125人に1人が「死亡事故」を起こす

よくよく考えれば誰もが理解しているものと思うが、クルマ利用は「私たちの命」を、あるいは「他者の命」を奪い去ってしまいかねないものでもある。なぜなら、「交通事故」で自らの命を落としたり、あるいは、轢き殺したりする、恐ろしいリスクがあるからである。

とはいえ、多くの人々は、「確かにそうかもしれないが、そんなことは滅多《めった》にないだろう」「あったとしても、まさか、私がそんなことになることはないだろう」と高《たか》を括《くく》っている。

確かに、厚生労働省の統計によれば、交通事故を原因とする年間の死者数は（後遺症での死者も含めれば）、おおよそ８０００人程度。１日あたりに直せば、22人。毎日大量のクルマが移動しているのだから、今日１日クルマを運転して死亡事故を起こしてしまう確率は、ほとんどゼロに近い。実際に計算してみると、その確率は「０・０００４４％」にすぎない。

つまり、今日1日で考えれば、ほとんど100％の確率で、「自分**以外**の誰か、22人が、交通事故で死んでいる」のである。

しかし、毎日毎日クルマを利用し、それを仮に50年間続けたとすれば事情は変わってくる。どれだけ確率が低い**「ロシアンルーレット」**（回転式拳銃に一つだけ弾を入れて後は空にした上で弾倉を適当に回し、コメカミにピストルを突きつけて引き金を引くルーレット）であっても、それを「1万8250回」（＝50年×365日）も繰り返せば、そのうち一度くらいは、「あたって」しまうかもしれない。

図23をご覧いただきたい。

これは、以上の前提で仮に50年間クルマを使い続けたとした場合、どれくらいの確率で、自らが死亡事故を起こすかを計算してみたものだ。

ご覧のように、実に125人に1人が、「死亡事故」を起こす計算となる。いわば、**おおよそ小中学校のクラスが3つ、4つ分の知り合いがいれば、そのうち1人は、死亡事故を起こす**ということになる。

実際、筆者の知り合いを思い起こしてみても、確かに、交通事故の「被害者」として命を落とした近しい友人・知人が複数いるし、交通事故の「加害者」として他者を「殺《あや》めてしま

図23　クルマ利用に伴う、交通事故で死ぬ確率と交通事故の加害者になる確率

クルマは（想像以上に）**危険な乗り物！**

「クルマの死亡事故」……滅多にないことなのでしょうか？

125人に1人が　……　死亡事故を起こす

400人に1人が　……　事故死

200人に1人が　……　死亡時の**加害者**

※正確には上から、126人、376人、188人。厚労省統計で2010年時点で1年以内に交通事故が原因の死者数は年間7499人であるため、1年以上も含めると概算8000人と想定。乗用車としての平均利用距離を自動車運転すると仮定し、50年間利用し続けた場合を確率計算した結果。

った者」もいる。

そう考えれば、自分が死亡事故の当事者となっていないのは「たまたま」のことだったのだという「事実」に気付く。場合によっては、彼らではなくこの自分が、交通事故で死んでいたかもしれないし、あるいは逆に交通事故を起こして他の誰かを殺めてしまっていたのかもしれない――。

ちなみに、自らの運転で自らの命を落としてしまう人は、４００人に１人。そして恐ろしいことに、**交通事故で他の誰かを「殺めてしまう」人が２００人に１人はいる**、という計算となる。

筆者は先にも触れたように、15年以上前にクルマを保有することをやめた。それ以降、

滅多にクルマを運転しなくなったのだが、それでもたまに、レンタカーやカーシェアリングでクルマを運転することがある。

しかし、その時、筆者はいつも**「クルマの運転がコワい――」**と感じ続けている。

上記数字を知っているからだ。

つまり筆者にとって、**クルマに乗って運転するとは、「死亡事故」という「ロシアンルーレット」の引き金を引くのと同じ**行為なのである。

筆者は今、クルマの保有をやめ、普段はクルマを利用していない、という点を先に紹介したが、今となっては「死亡事故がコワい」と感じてしまうことが、クルマを使わないライフスタイルを続けている最大の理由となっているように思う。

実際、上記数字以外にも、死には至らないまでも何らかの人身事故を起こしてしまう確率を計算することもできるのだが、その数字は実に「3分の2」。つまり、クルマをずっと運転していて、人身事故を一度も起こさ「ない」人の方が少ないわけで、おおよその人は、人身事故を起こしてしまうのだ。こうした点も含めて、筆者はやはり「クルマの運転がコワい」と思ってしまうのだ。

もちろん、毎日クルマを利用している人には、こうした気持ちは、にわかには同意できないかもしれない。「そうはいっても、毎日クルマを使わないといけないのだから、そんなことを気にしていられない、それに**自分だけはきっと大丈夫**だし——」というのが、大方の感覚ではないかと思う。

しかし、それは残念ながら明らかな**「勘違い」**だ。

死亡事故を起こしたほとんどすべての人が「自分だけは大丈夫だろう」と思っていた。そういう心理は、心理学では**「自己正当化バイアス」**とか**「正常化の偏見」**などと呼ばれるもので、誰もが陥りがちな心的傾向だ。これらの言葉が意味するように、「自分だけは大丈夫」と思ってしまうのは、単なる「バイアス」であり「偏見」にすぎないのだ。

筆者がこの話をパーソナリティの晃瓶さんや薫さんにお話しする度にいつも、スタジオは深刻な空気になる。そしてもちろん、クルマに乗っている皆さん、安全運転を心がけてください——と呼びかけていただいている。

そもそも、このラジオコーナーは朝の7時ないしは8時に放送するもの。自宅で聞いているリスナーの方もおられるが、クルマで通勤されている方が耳にしているケースも多い。だから、こうした呼びかけは、交通安全の推進にとって重要な意味を持っているのではないかと毎回感じている。

ただし、その時には次のようなトークを、晃瓶さんや薫さんとすることも多い。すなわち、クルマに乗っているなら、交通安全を心がけることが大切だけど、もし、クルマに乗るのをやめて、電車やバスで移動するようにすれば、そんな「死亡事故」の心配なんて何もしなくなるんですけど――という話だ。そうするといつも、**「確かにクルマを使わないのが、一番の交通安全ですね」**と同意いただける。

ぜひ皆さんも一度、クルマに乗るということは命がけの「ロシアンルーレット」のような、相当に恐ろしいものなのだ――ということを、冷静に考えてみていただきたいと思う。そして、クルマを手放すことが難しくとも、交通安全を心がけるばかりではなく、クルマに乗る機会を少しずつでも減らしてみることが、最善の交通安全につながりうることをイメージされてはどうかと思う。

クルマで買い物すれば、オカネが流出してしまう

ラジオの「歩くまち・京都タイム」ではこのように、健康、ダイエット、家計、事故など、人々が普段気にかけている様々な問題が、クルマ利用によって生じていることを、様々なデータを使いながら紹介し、「クルマ利用は、ほどほどに。」というメッセージを伝えてい

るわけだが、そんな情報の中でも、予想外に大きな反響があったのが、本書図6に掲載した「生鮮食料品を買った時の出費が、『どこに流れていくのか』」というグラフデータであった。

つまり、クルマで行きがちな大型チェーン店でオカネを使った場合、そのオカネの大半が、地元京都以外の、よその場所に流れてしまう、一方で、徒歩や自転車で行けるような地元の商店街でオカネを使えば、半分以上が、地元京都に戻ってくる、というデータだ。

具体的にいうなら、1万円を大型チェーン店で使えば、そのほとんどが、よその場所に流出してしまう。京都に戻ってくるオカネは、たった2000円程度。扱っている商品も京都に関係ないものが多いし、働いている人も、よそから来た人が多い。そもそも、その会社自身がよその会社だから、税金もよその自治体に払っている。一方で、地元商店街なら、その1万円のうち、地元京都に戻ってくるのは、大型チェーン店の2倍以上の5300円。大型チェーン店とは逆に、働いている人も地元の京都の人だから京都に税金を納めるし、扱っている商品自体も京都のものが多いからだ。

恐らくこの話は、聞けば当たり前に思えるが、今まで考えたこともない方が多かったのだろう。

実際、リスナーからは、次のような様々な声がはがきで届けられた。

「私はよく滋賀の大きなスーパーまでクルマで買い物に行きます。たくさん買う時は八幡の郊外のスーパーまで行きます。近所は人が多いのであまり行きません。確かに藤井先生のおっしゃる通り、私は地元からお金を流出させてたんですね……。そんなこと、考えもしなかったです。クルマを少しでも使わないようにすることで地元にも優しくできるんですね」（山科区・Sさん）

「クルマを使うことを完全に止めるのは無理ですが、少しずつ控えるのはありかなと思います。いつだったか以前、藤井先生の回でいわれていたクルマを使えば『地元にお金が落ちない』ことも、ああそうかと納得しています」（伏見区・Sさん）

「私は子供が生まれてから近所のスーパーに行くようになりました。それまではクルマで少し離れたスーパーに行ってましたが、近所のスーパーもいいもんですよ！　欲しい物って意外と小さいスーパーでも揃うんですよね〜。地元にもお金が落ちるなら、ぜひみんなにも教えたいです」（城陽市・Mさん）

つまりは結局みんな、なんだかんだいっても「地元」が好きなのだ。多かれ少なかれ、人は皆、地域愛着を持っている。モータリゼーションを進める大資本による商業論理には、この要素がほぼ完全に無視されている。そして残念ながら、交通まちづくりの行政展開においてもこの点は忘れられがちなのではないかと思う。

人はパンのみに生きるにあらず――こうしたリスナーの反応を目にして、人間はやはり「地域に根を張る存在」なのだと、改めて感じた次第だ。

おしゃれしない人間をクルマが増やしている!?

これもまた、アナウンサーの薫さんにいたく同意いただいたテーマなのだが、クルマばかり使っていると、どうもおしゃれをしない人間になっていく、という傾向があるようなのだ。

電車やバスで出かける場合、駅でも車両の中でも、そこは「公共空間」だ。だから、家にいる時のようないい加減な服装で出かけるのは、ちょっと気が引ける。ところが、クルマで出かける場合、最初から最後までそんな公共空間はない。クルマの中は、自分の部屋とよく似たプライベート空間だ。だから、クルマばかり使っている人の服装はいい加減になるし、お化粧もしなくなるに違いない——こうした想定の下、筑波大学の谷口綾子研究室で、筑波大学の学生を対象に簡単な調査を行なった結果、得られたものが図24だ。

この調査は、「ジャージやスウェットで通学したことがあるかないか」と「何を使って通学しているか」を尋ねるという至ってシンプルなものだが、ご覧のように、ジャージ・スウェットで通学した「経験がない」という、いわば「服装に気を遣っている学生」の割合は、公共交通で通学している学生の方が（クルマなどの手段で通学している学生よりも）多く、およそ2倍以上の水準となっていることが示されている。

つまりやはり、クルマをはじめとしたプライベートな移動手段で移動していると、服装に気を遣わなくなっていく、つまり、「おしゃれしない人間」になっていく傾向があるわけだ。

薫さんによると、それはやはりあたっている、どうしてもクルマだと洋服やお化粧に配慮する気持ちが下がってしまう——とのことであった。ちょっとした緊張感ある暮らしを続けるためにも、「クルマ利用は、ほどほどに」した方がよさそうなのである。

クルマ依存の子供はうつ性、不安性、攻撃性が高くなる

図24　筑波大学における服装と通学手段

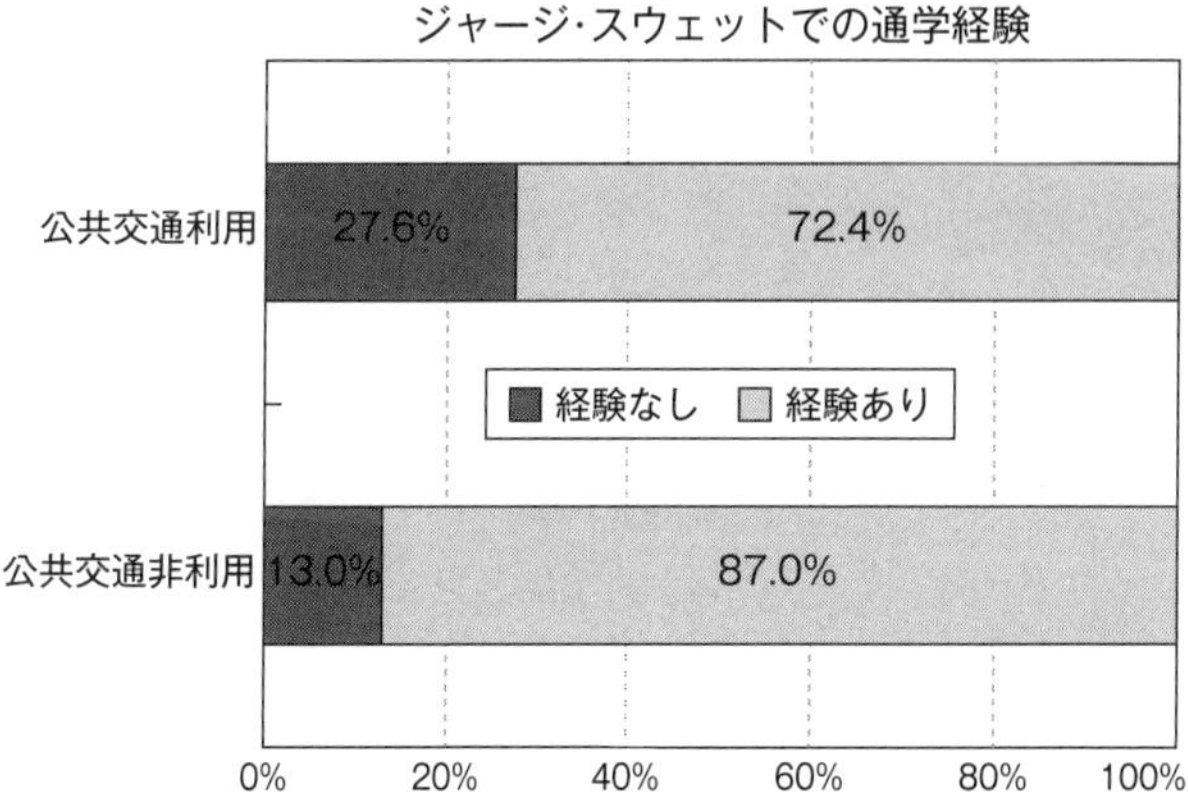

出典：谷口綾子・川村竜之介・赤澤邦夫・岡本ゆきえ・桐山弘有助・佐藤桃「大学生の服装と景観・授業態度との関連分析―筑波大学の事例―」土木学会論文集D3（土木計画学），69(5)，（土木計画学研究・論文集第30巻），pp. 309-316, 2013.

クルマの車内は「プライベート空間」だが、公共交通や道の上は「公共空間」だ。言うまでもなく、自宅は「プライベート空間」だから、結局、クルマばかりを使って暮らしていると、「公共空間」で過ごす時間が必然的になくなっていく。

だから、あまりにクルマばかり使っていると、人間の精神によからぬ影響をもたらす可能性が生ずるのだが、そうした悪影響はやはり「子供」に対してとりわけ深刻なものとなる。**子供の健全な発育において、公共空間で過ごす時間は重要な意味を持っているから**である（ギル・ヴァレンタイン他『子どもの遊び・自立と公共空間』明石書店、２００９）。

実際、スイスの研究によれば、図25に示すよ

図25　クルマ依存生活をしている子供は、うつ性・不安性・攻撃性が高い

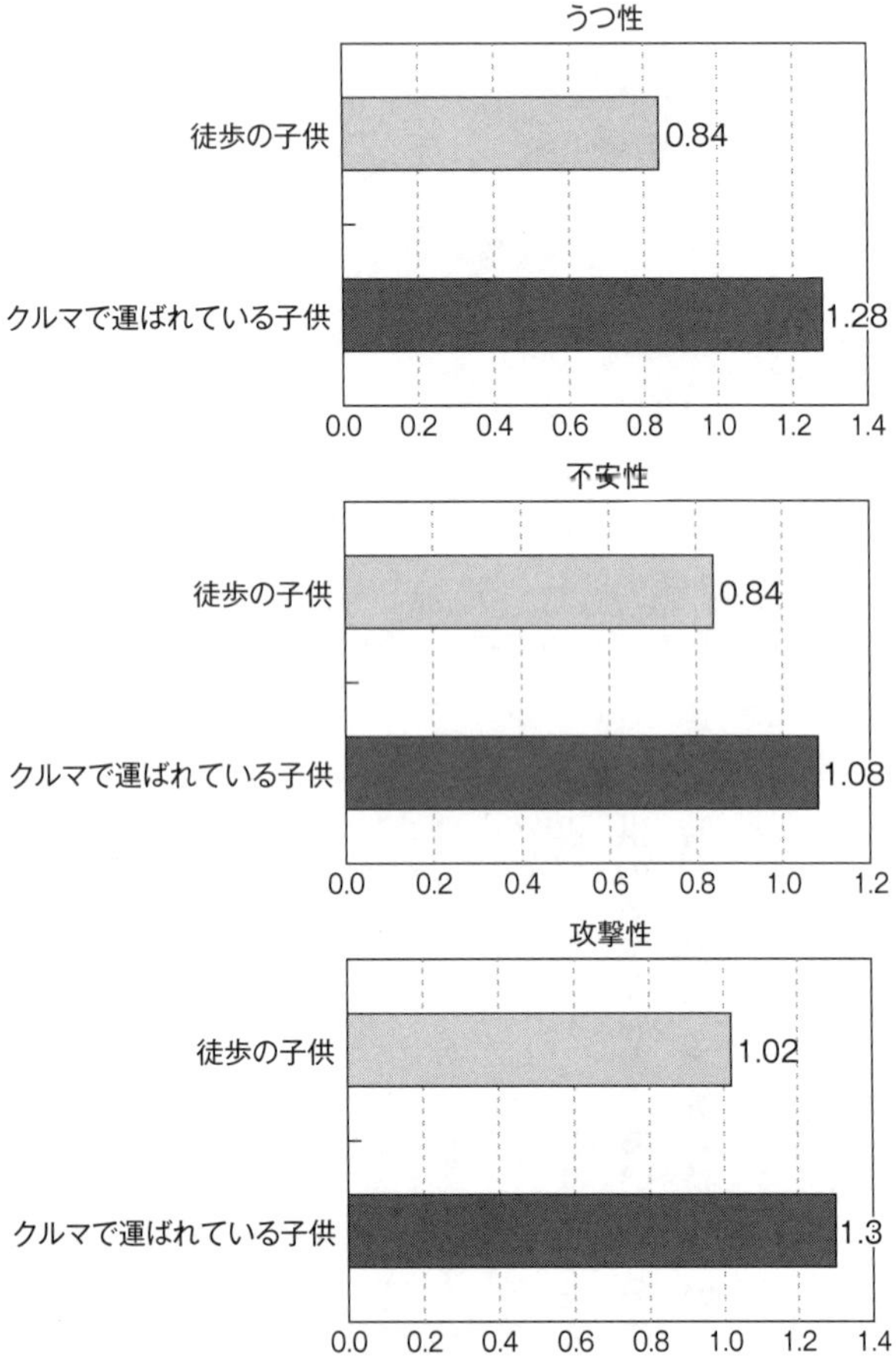

※「Karl Reiter: BAMBINI-Teaching the next generation to step away from the car, European Conference on Mobility Management, 2012」で報告されているスイスの調査データ

図26 「幼少期に育った家庭でクルマをどの程度使っていたか」と「成人期の傲慢性」の関係

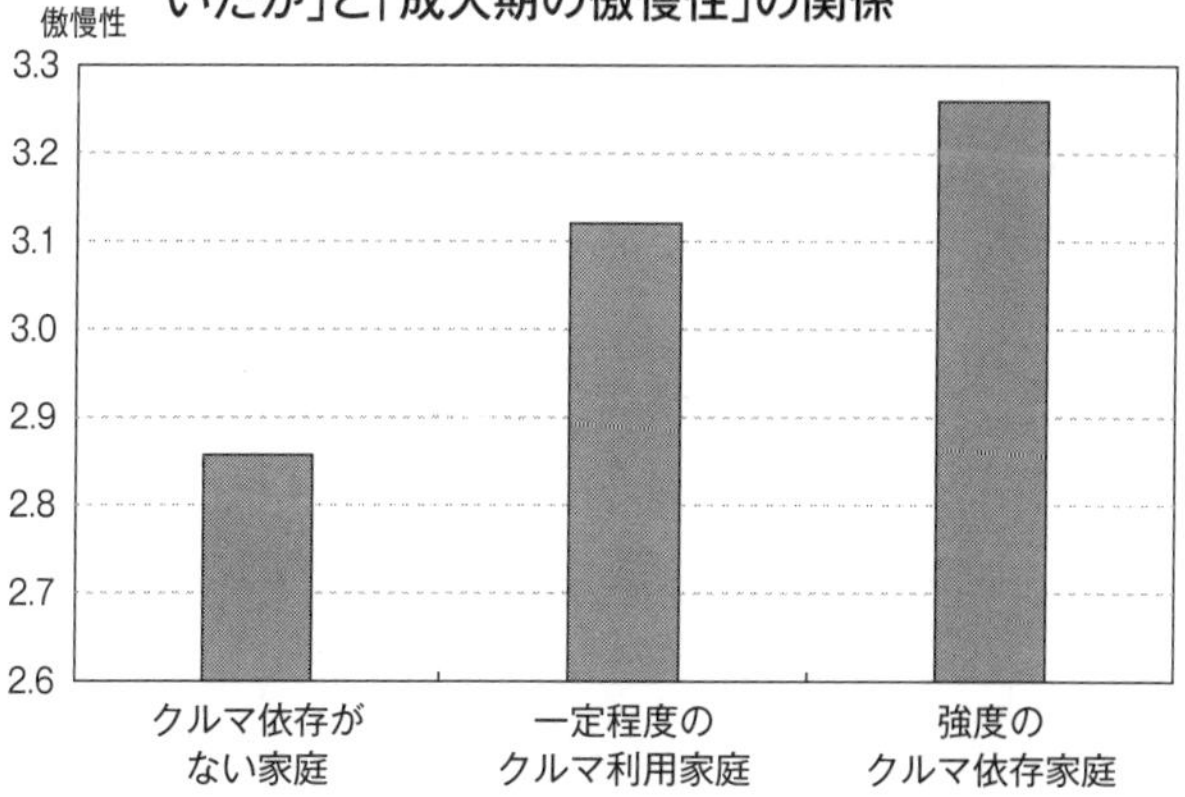

※データ出典は「大衆の心理構造とその社会的影響に関する研究」（小松佳弘2007年度東京工業大学土木工学科卒業論文）。「クルマ依存がない家庭」と「強度のクルマ依存家庭」との間の傲慢性の間には統計的有意差有り（t=－2.81, p<.001）

うに、**クルマばかり使って移動している子供は、うつ性、不安性、攻撃性がいずれも高くなってしまう**ことが示されている。

もちろん、こうした傾向は日本国内でも確認されている。図26は、東京工業大学の学生を対象に、「幼少期に育った家庭でクルマをどの程度使っていたか」と現在の「成人期の傲慢性」の関係を調査した結果をまとめたものだ。ご覧のようにクルマをよく使う家庭で育った子供ほど、20歳前後になった時に「傲慢」な大人になっている傾向があることが表れている（ちなみに、この調査では、幼少期の環境について様々な項目を尋ねたのだが、傲慢性と関連があったのは唯一、この、「クルマ利用の程度」だけであった）。

この話をラジオで紹介した時、晃瓶さんや薫さんと、大いに盛り上がった。曰《いわ》く、「確かに、クルマの中やったら、子供たちはすぐ『お父ちゃん！　あそこ行きたぁーい』だの『これ買ってほしぃー!!』だのと騒いでも、親はそのまま放置したり『あんたら、いいかげんにしぃ!!』だのと人目を気にせず怒鳴ったりしてしまう――だけど、電車の中だったら子供は比較的お行儀よくするし、騒いでいても親も人の目があるから怒鳴らずに静かに落ち着いて子供を叱ることになる――そう考えると確かに、クルマばっかり使わないで、時折電車とかバスに乗るのは子供の教育にはよさそうですね！」と、強く賛同してもらった次第だ。

いつもクルマに乗せ続けていれば、それが子供の教育に影響を与え、うつ病にかかるリスクを上昇させ、攻撃的で傲慢な人間にしてしまったりすることになる――などと想像している人はほとんどいないだろう。しかし、データを見れば、そういう傾向が存在することは、明らかだ。

小さな子供たちを育てている家庭では、ぜひ一度、この点について親同士で話し合ってみてはいかがだろうか。

せっかくの「観光」もいろいろ回れず台なしに

ＫＢＳ京都の「歩くまち・京都タイム」では、時折「京都に訪れる周辺の人たち」に向けて、京都に遊びにくるならクルマでは結局損をしてしまう、電車で来た方がずっと楽しい観光ができますよ――という話題を提供している。

こういう話題の時には、**「クルマで京都が見えますか？」**というキャッチフレーズで、よくよく考えれば、クルマ観光というのは、あまり「かしこい選択」だとはいえないのではないか、というメッセージをお伝えしている。

例えば、観光シーズンになると京都の代表的観光地の一つである「嵐山」は、凄まじい渋滞になる。嵐山は京都駅から電車でたった16分のところなのだが、クルマで行けば、酷い時には3時間以上もかかってしまう時もある。時速にして３・６㎞。つまり、歩いていく方が早いくらいの渋滞が、嵐山では起こってしまうのだ。せっかくの休日の貴重な京都での観光時間を、３時間も渋滞するクルマの中でイライラ過ごすなど、最悪としかいいようがない。

実際、京都市の観光アンケート調査によれば、図27に示したように、電車やバスで回った場合、京都市内の観光地を、１日で「３・４カ所」ほど回ることができる一方、クルマだと

「2・5カ所」ほどしか回れない。ちなみに、これとあわせてクルマで来た場合の方が「移動時間」が長く、「観光地で観光している時間」が短いことも示されている。つまり、**クルマで観光した場合、移動時間ばかりかかってしまい、回れる観光地がおおよそ一つほど、少なくなってしまう**のである。

こうなるともちろん、満足感は下がる。実際、そのアンケート調査でも、クルマで観光した人の方が満足度が低く、また来てみたいと考える気持ちも、低くなってしまっていることが示されている。

以上の話をした時、晃瓶さんにもすぐ、確かに嵐山や清水寺の駐車場に入るためだけに、かなりの時間がかかってしまって、何のために京都に来たかわからなくなってしまうし、イライラしたらまた、子供同士や、親子同士、夫婦で喧嘩することも増えてしまいそうだなぁ、とご指摘いただいた。

こう考えるなら、京都に限らず、クルマでいっぱいになりそうな観光地へは、クルマでなくてゆっくり電車や徒歩や自転車で回った方が、ずっと楽しく回れる、ということが見えてくる。筆者もクルマを使わなくなってから、観光に行く時はクルマを使わず電車で行くことが基本となっているが、そうすると、実に多くの**「発見」**があるのだ。

図27　京都市内で立ち寄った「観光地数」と、交通手段の関係

クルマだと、結局いろいろ回れない

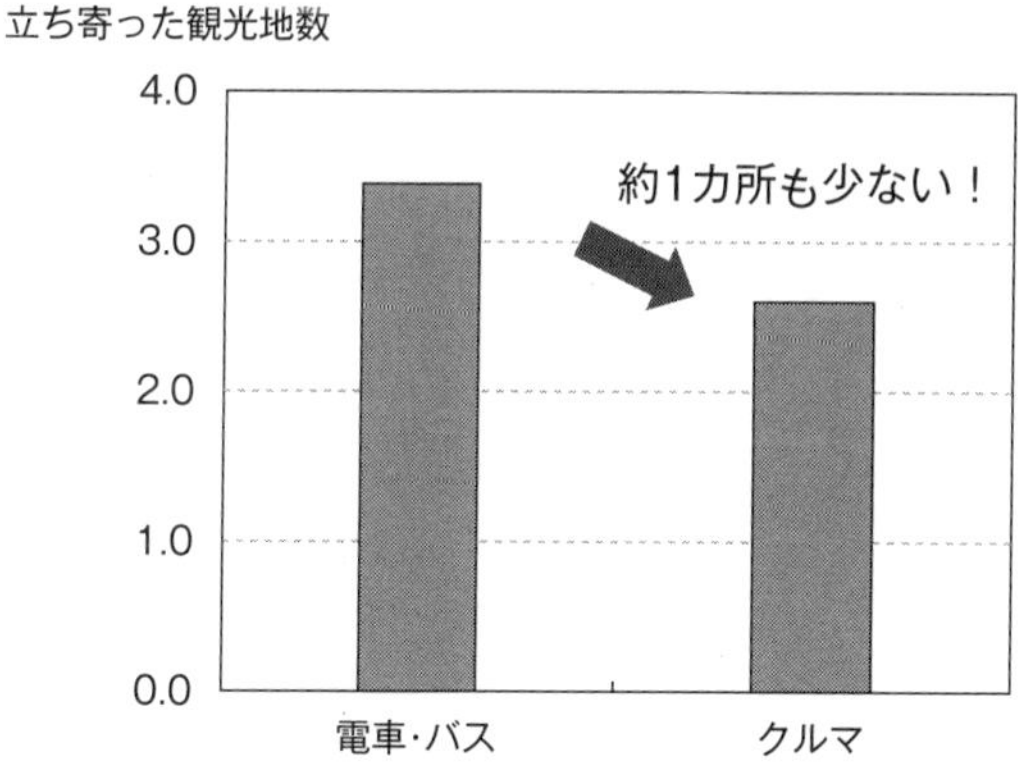

出所：京都市休日交通体系調査報告書

駅前やまちなかの路地に、思わぬ歴史遺産があったり、その土地ならではの佇《たたず》まいが垣間見えたりする。なんといっても、ゆっくり回っていると、その土地の人々と様々に会話する機会も増える。クルマで行けば、渋滞に巻き込まれたりサービスエリアで食事の行列に並んだりしなければならなかったことを考えると、歩きながらゆったりとその土地に触れる機会は、まさに（その土地の「光」を「観」る）「観光」と呼ぶにふさわしい充実した時間を与えてくれるのである。

観光においても、「クルマ利用は、ほどほどに」することには、やはり合理性があるようである。

クルマ依存は、寂しい暮らしを導いてしまう

クルマというのは、プライベートな空間であり、外にいながらにして、わが家の「個室」のような場所でもある。だからこそ、これまでに見てきたように、あまりおしゃれもしなくなるし、子供が騒いでも放置したり、家族同士で喧嘩し始めたりしてしまうのだが――これを長く続けていると、人は社会から「孤立」していくことになる。哲学ではしばしばこうした人間の孤立が、「精神の疎外」を導き、深刻な精神的な悪影響をもたらす、ということが指摘されている。

既に図25、図26で示したように、そうした「精神への悪影響」によって、子供の精神の発育に問題が生じることは指摘したが、これはやはり大人に対しても、影響を及ぼさざるをえない。

その一端が、本書の図7、図8で示したように、クルマに依存する人々は、**「地域」の自然やコミュニティから隔離されるようになり**、その結果、地域を愛する気持ち、**地域愛着が低下してしまう**――という弊害だ。

こう聞いたところで、「地域から隔絶されようが地域愛着が減ろうが、別に構わないじゃ

ないか」と感ずる向きもあろうと思う。しかし、一人ひとりの地域愛着の希薄化は、本書の第2章で詳しく論じたように、地域社会に深刻なダメージをもたらす。

しかも、地域社会との接触の低下は、生活の満足度や、ある暮らしの「潤い」に深刻な影響をもたらすものでもある。

実際、北川らの研究（「共同体からの疎外意識が主観的幸福感に及ぼす影響に関する研究」土木学会論文集 D3, 67(5)）によれば、**地域から「隔離」されれば「主観的幸福感」が低下する**ということが統計的に明らかにされている。

つまり、クルマばかり使って地域から隔離されればされるほど、人間は「不幸」になっていくのである。なぜなら人間はどこまで行っても**「社会的動物」**なのであり、社会から隔離されることが何よりも最大の「不幸」をもたらすからである。

先にも触れたが、筆者は30代前半にクルマを手放した。その時に住んでいたのが京都の山科区、というところ。ここは、京都の中では「郊外」に位置する場所で必ずしも街の中心部とはいえない。だから、最初は不便なのではないかと若干の不安もあったが、何のことはない、すぐにクルマのない暮らしに慣れてしまった。

とりわけ重要だったのが、「クルマでしか行けないところには行かない」ようになったという点だ。逆にいうなら、「クルマがなくても行けるところに行く」ようになったということ。

結果、よくよく近所を見回せば、商店がそれなりにあって、買い物には全く不自由はなかった。それまではいつもクルマで買い物に行っていたから、いつも行くのは、大型チェーン店だった。確かに便利で、品揃えも豊富だが、ただ単に「便利」なだけであって、商店の人たちと何のコミュニケーションも会話もない。無機質なレジで、無口なパートの店員に無機質に処理してもらうだけだった。ところが、近所の路面店なら店員とはいつも顔をあわせるから、自ずと会話するようにもなる。子供と行けば、そのうち子供にも声をかけてくれるようにもなる。どういうよいものが入っていて、何がこの季節にはよいかの情報がそれとなく耳に入ってくるようにもなる。

買い物だけではない。クルマがなくなれば、必然的に、週末に過ごす場所は歩いていけるところに絞られることとなった。おかげで、近所にはお寺があり、神社があり、公園があり、疎水があることがよくわかった。そしてこれらを通じて街に対する印象が大幅に変わり、わが街としての愛着がますます深まった。

つまりクルマを手放したことで、初めて、「地元」が見えるようになり、「地元」と深く関わるようになったのである。そしてそれは、子供たちの情操教育にも貢献することともなった。

これはもちろん、筆者一個人の小さな体験にすぎない。

しかし、こうしたことは、誰の身の上にも起きることなのではないかと思う。

例えば、松尾芭蕉に、次のような一句がある。

よく見れば　薺《ナズナ》花咲く　垣根かな

春の七草であるナズナの花は、どこにでも生えている目だたぬ小さな花だ。それどころか〝ぺんぺん草〟といったあまり美しくなさそうな名前で呼ばれる代表的な雑草だ。しかし〝よく見れば〟、私たちは垣根に生えたぺんぺん草の花ですら、美を感ずることができるのである。もちろん、この句の肝要な点は〝よく見れば〟という一言だ。われわれは、日常の暮らしの中で周りを〝よく見て〟いるだろうか。ましてや、クルマを運転している時に、一体何を、〝よく見れる〟のだろうか――。

モータリゼーションに慣れ親しんだ現代の日本人は、便利さや忙しさにかまけてこういう心情を見失っているのかもしれない。そして、そうした小さな心情を見失ったことで、私たちは、何かとてつもなく大きなものを見失っているのかもしれない。

だから、もしも私たちが「クルマ利用をほどほどに」できた時、私たちの暮らし方は、静かに、しかし大きく変わっていくのかもしれない。ぜひ一度、ダイエットや健康、オカネや命などに加えて、こうした側面にも少し目を向けていただき、クルマと自分たちのライフスタイルとの関係を改めて考えてみていただきたいと思う。

2000万円の行政予算でも10年続ければ「流れ」を変えられる

以上、落語家の笑福亭晃瓶さんとご一緒しているラジオコーナー「クルマの利用は、ほどほどに。」にてお話ししている代表的なものを紹介した。ラジオでは、これらに加えて、地域の公共交通情報や、公共交通で行きやすい観光地や穴場などを紹介している。これらを通して、クルマを使わないライフスタイルへの転換を促そうとしているわけだ。

ただし先にも紹介したように、京都市ではこのラジオ放送以外にも、実に様々な「交通まちづくりマーケティング」の取り組みを行なっている。

例えば、インターネットサイトのYouTubeでは、以上のラジオ内容を簡潔にとりまとめた**「クルマ利用は、ほどほどに！」**や**「クルマで京都が見えますか？」**といった動画（いずれも10分未満）を配信し、市のホームページなどでそれを紹介している（いずれも、上記キーワードを入れた上で検索いただければ、いつでも視聴できる）。

あるいは、運転免許を持つ誰もが定期的に行かなければならない、「運転免許書き換え講習会」の時に配布する「京都府自動車マップ」の表紙や裏表紙に、こうした「クルマ利用は、ほどほどに。」のメッセージ情報を挿入し、（京都府や警察と連携しながら）ドライバー全員にこのメッセージを届けている。これは平成19年度から続けられている取り組みで、毎年、数十万部の情報を提供し続けている。

さらには、京都市には毎年数万人から10万人程度の「転入者」がいるが、彼らに提供する京都市の案内リーフレットにも、京都市内の公共交通の情報と、上記の「クルマ利用は、ほどほどに。」のメッセージ情報を掲載している。一般的な居住者は、行政が提供する情報をまじまじと眺める機会は限られているだろうが、「引っ越した時」には地域情報を取得する意欲が高いため、こうした情報提供には大きな効果があることが知られている。

そして、新しい鉄道や地下鉄、バスの路線ができたところには、その路線やダイヤの情報をまとめたリーフレットやアンケート調査を配布すると同時に、「クルマ利用は、ほどほどに。」のメッセージ情報も提供し、それぞれの路線の利用促進を図っている。同様の取り組みは、特定地域全体の公共交通の利用促進を図るという趣旨で、その地区の公共交通情報と「クルマ利用は、ほどほどに。」のメッセージ情報を提供しながら、クルマからの転換を促すマーケティングを図っている。

この他にも、教育学の先生方の指導の下、小学校での「交通まちづくり」あるいは「歩くまち・京都」に関する授業展開を通して、過剰なクルマ依存の問題や、地域の公共交通の必要性などを授業したり、運輸局の「エコ通勤」と呼ばれる取り組みの協力の下、特定エリアの職場をターゲットにして当該地域の公共交通情報や「クルマ利用は、ほどほどに。」のメッセージ情報を提供し、クルマ通勤からの転換を促すなどの取り組みも進められている。

このように、実に様々な局面で、様々な工夫をこらしつつ、クルマからの転換を促す「交通まちづくりマーケティング」が、京都市では進められている。

先にも指摘したが、これらのマーケティング予算は、自動車産業のそれ（トータル1・2兆円）のそれに比べれば、ほぼ皆無の水準にあるといえる。しかし、10年近くも、こうした地道なマーケティング情報を提供し続ければ、確かに、地域の交通の流れそのものに変化をもたらすのである。

繰り返すがその水準は、マーケティングが5年間続けられた平成25年時点で、13万人の京都市民の意識と行動に影響を与えた。

これに加えて、本書第3章で詳しく紹介した**四条通りの歩道拡幅＝クルマの車線削減という思い切った事業の展開を可能とさせる「世論」の下地をつくったことも、このマーケティングの大きな成果**ということができよう。交通まちづくりマーケティングが皆無なまま、いきなり街の中心部ど真ん中の幹線道路の車線を半分にすると主張しだしても、反発が大きく合意を図ることは絶望的であったに違いないからだ。

そして、こうした取り組み全体を通して、1年間の延べ回数で2000万～3000万回のクルマ移動の転換をもたらし、クルマ利用を10年前に比べて13・5％減少させたのである。

いずれにせよ、この京都の取り組みが示唆しているのは、交通まちづくりにおける「マーケティング」の重要性だ。たった2000万円の行政予算でも、10年近く継続させれば、マクロな交通状況を変えるだけの大きな力を持つのである。

だからもしも「地方を甦らせたい」と願うのならば、富山の例に見られるような「ハード整備」を中心とした交通まちづくりの展開と同時に、この京都の例に見られる「マーケティング」を中心とした展開の双方の重要性を踏まえつつ、「モータリゼーション」と対峙する戦略を検討されてはいかがだろうか。

終章　クルマと「かしこく」つきあうために

クルマはもちろん必要。でも、「過剰なクルマ依存」は……

本書『クルマを捨ててこそ地方は甦る』は、「クルマ利用」と「地方活性化」の間にある、様々な複雑な関係に焦点をあて、「過剰なクルマ依存」状況を見直していくところに、地方活性化の活路がある――ということを論ずるものだった。

本書冒頭から何度も指摘している通り、クルマは「完全にワルイ存在」などではない。そもそもすべての移動の7割も8割もクルマに頼っている地方が全国各地に広がっている以上、それを**いきなり全て「捨て去る」ことなど不可能**だ。

しかも、**日本の産業を支える「物流」の大半は、自動車（トラック）に頼っている。**だから、**地方の産業を活性化するためには、物流を支えるための道路の整備、とりわけ、高速道路の整備は、極めて重要**な役割を担う。

さらには、本書の途上でも指摘したが、日本の家電メーカー群のグローバル競争の中での敗退に象徴されるように、今、日本企業は、軒並みグローバル競争の中で、外国の企業群の後塵を拝するようになってきている。そんな中で、**グローバル競争で勝ち残っている日本の巨大産業が、自動車産業**なのだ。だから、日本経済全体の成長、日本全体の産業競争力を考えた時、クルマをとにかくワルイモノとして棄却してしまうのは、かえって日本経済を衰退させる側面を持っている。

――しかし、これらはいずれも、クルマという存在の重要性を意味するものではあるが、だからといって**これらが、「とにかくクルマに頼りさえすればよい」と盲信する根拠には一切ならない**こともまた事実だ。

つまり、仮に「酒は百薬の長」であったとしても、酒に頼りすぎれば単なるアルコール依存症になってしまうのと同じように、仮にクルマに様々なメリットがあったとしても、**クルマに頼りすぎてしまえば、単なる「クルマ依存症」になる他ない**のである。

モータリゼーションとグローバリゼーションが生み出す「病理的問題」の構図

実際、本書が描写したのは、次のような構図だった。

①日本全国の各地方では、「モータリゼーション」と「グローバリゼーション」を無計画に野放図に放置し続けたせいで、人々の活動領域も、居住領域も、そして民間投資も、すべてが「街の中心部」から「郊外」へとシフトしてしまうという「郊外化」が進展し

た。

②この郊外化した地方において、グローバルマーケットで競争を進める「大資本家」たちは、郊外の大型ショッピングセンターや郊外の新しい宅地開発に対して大規模に投資し、その結果、大きな収益を上げた。言うまでもなく、同じくグローバルマーケットで競争を進める自動車会社は、郊外に住まう各世帯に複数の自動車保有を促すことで大きな収益を上げていった。

③しかしその一方で、地方の郊外化が進む中で、それぞれの地域の公共交通も、地域経済も、そして、地域コミュニティも、そして地方政府の行政力も行政サービスも皆、軒並み、弱体化してしまった。こうして「魅力」を失ってしまった地方からは、人口がますます流出していった（これが東京一極集中と、都市と地方の格差拡大をもたらした）。そしてもちろん、こうして人口が流出していったことで、地域の経済、社会、行政の弱体化に拍車がかかっていった。

④このようにして、
「モータリゼーション」

「都市の郊外化」

「地方の衰退」

「グローバリゼーションの浸透」

が互いに強化しながら展開していくという最悪のスパイラルが、いわば「四位一体」となって、展開していった。

⑤こうした四位一体を「広義のモータリゼーション」と呼ぶとするなら、その広義のモータリゼーションの進展の中で、人々は、「クルマ依存」の度合いを深めていった。結果、人々は、次のような様々な「私的なデメリット」を被るようになっていった。すなわち、
「肥満化・病気」のリスクが高くなって
「家計負担」が重くなり、
「死んだり、誰かを殺める」リスクも高くなっていく。

しかも、
子供たちが「傲慢」になり、「攻撃的」になっていくと同時に、
自らが愛着を持つ「地元・故郷」が疲弊すると共に、
「地域社会から隔絶」されて、寂しい存在になっていく、
ということになっていったのである。

⑥つまり、広義のモータリゼーションが進む地方では、人々はクルマを使い続けることで一定の「便利さ」を享受する一方で、それと引き替えに自らの限られた所得を、自動車会社や大型ショッピングセンター、住宅デベロッパーという大資本たちに様々な形で吸い上げられると同時に、肥満や病気や交通事故や子供が傲慢で攻撃的に育ってしまうリスクを甘受しているのである。そして挙句に、自分が愛着を持っている地方あるいは故郷が弱体化すると同時に、その地域社会からも隔絶され、寂しく、不幸な存在となっていった。

このように描写すれば、あまりにも「悲惨」な記述であるため、にわかには信じがたい、

あるいは、受け入れがたいとお感じの読者もおられるかもしれない。

しかし、本書のそれぞれにおける議論はいずれも、客観的なデータに基づいていることを思い出してほしい。モータリゼーションの中で人々は確かに重い負担を強いられ、肥満や病気のリスクに直面し、都市は郊外化してきたのだ。

それらはしばしば、メディアなどで「断片的」にバラバラに取り上げられることはあったかもしれない。しかしここで重要なのは、**それらはすべて、「広義のモータリゼーション」の巨大な渦の展開の中で、互いに強化しあいながら螺《ら》旋《せん》状に進行してきた巨大な一個の「社会・経済・政治現象」の諸断片だった**のだ、という点だ。

本書では、ローカルな視点からモータリゼーションを中心に論じたが、「広義のモータリゼーション」は「広義のグローバリゼーション」と呼称することもできるだろう。つまり、**「モータリゼーション」とは、「グローバリゼーションの地域展開名称」に過ぎぬものと解釈することもできる**のである。

行動変化を導く二つのアプローチ

この広義のモータリゼーション、あるいはグローバリゼーションの巨大な渦の中で、私たち一人ひとりの生身の人間は、一体何を、どうすればいいのだろうか——本書はまさに、この問題に一つの答えを供しようと試みたものであった。

本書が提示したその答えこそ、**「クルマを捨ててこそ地方は甦る」**という**アプローチ**であった。

第1章では、東京のど真ん中でも、地方の政令指定都市である京都のど真ん中でも、そして、地方都市の富山のど真ん中でも、どのサイズの都市であろうと、**街の中心部の道から「クルマ」を締め出せば人が溢れる、という現象が現実に生じている**、ということを明らかにした。なぜそうなるのかといえば——人は賑わいの中にいることが好きなのであり、クルマが通るようなところを歩かされることが嫌いだからだ。

もちろん、そうやって都市のど真ん中でクルマを締め出せば、大混乱が起こるのではないか、と誰もが心配する。しかし、実際に締め出してしまえば、そんな混乱は生じない——ということを、豊富な事例に基づく実証研究に基づいて論じた（第2章）。そもそもクルマを締め出せば、その締め出されたクルマはどこか別の道の上を走るのではなく、**「消滅」**してしまうからだ。ではなぜ「消滅」してしまうのかといえば、人々は、**「行動を変える」**からである。そうした行動変化（行動変容）は、日本の事例だけのみならず、世界中の国々で確認されている普遍的現象なのだ。

だから、モータリゼーションとグローバリゼーションによる**地方の疲弊に対する最大の処方箋は、できるだけクルマを使わないライフスタイルへの「行動変化」（すなわち、モーダルシフト）**なのである。

これを導く代表的なアプローチを、本書では富山市と京都市の事例を紹介しつつ論じた。

その一つが、第4章で紹介した、富山市が取り組んだ**「LRTを中心とした交通まちづくり」アプローチ**だ（これは理論的には、行動の環境構造を変える「構造的方略」と呼ばれる）。このアプローチに基づいて、モータリゼーションやグローバリゼーションを展開する世界的な大企業たちと対峙するには、いかんせん、政府側には財力が限られている。

だから必然的に、富山に残されている**様々な歴史的な地域資産を最大限に活用しつつ、最小の投資で最大の効果を生み出す、という態度（戦略性）が必要**となる。そこで富山が活用したのが、富山に残されていた「線路」であり、街の中心部に残されていた富山城や富山港などの「歴史資産」であり、国土軸である北陸新幹線が接続された「JR富山駅」であった。富山市はこれらを戦略的に組み合わせつつ活用し、90億円という限られた投資額でもって、**年間延べ100万回以上の規模で、「できるだけクルマを使わないライフスタイルへの**

行動変化」（モーダルシフト）を着実に生み出したのである。そして街の中心部に人を流し込み、地価上昇をもたらすほどの民間投資を呼び込み、最たるクルマ社会の一つである富山を「コンパクト化」する方向へと転換させんとしているのである。

一方、もう一つの**「できるだけクルマを使わないライフスタイルへの行動変化」**（モーダ**ルシフト）をもたらすアプローチの例として、京都市の「歩くまち・京都」の取り組みの事例**を第5章にて紹介した。

これは、**「交通まちづくりマーケティング」**といいうる取り組みで、**一人ひとりに様々なメッセージや情報を提供する「マーケティング」を通して働きかけ、行動変化を直接促そうとするものだ**（行政では一般に「モビリティ・マネジメント」、専門用語では心理的方略と呼ばれる）。しばしばマーケティングにはさして力はない、という言説を耳にすることがあるが、現実マーケットを見れば、それがいかに巨大な力を持っているかは一目瞭然だ。昨今のタバコ離れも、戦後全体を通したモータリゼーションの進展も、**年間１兆円規模の巨大なマーケティング**に基づいて形成されたものだからだ。

そして、過剰なクルマ利用に伴う、数々の「個人的な不利益」、例えば、肥満や病気、重い家計負担や死亡事故リスクなどを、一つひとつ丁寧に解説していけば、クルマに対する意識が変わり、行動を変えていくことが、この京都の事例で明らかにされている。たった2000万円の予算に基づくマーケティングを10年近く継続させることで、「10万人以上のライフスタイル」に影響を与え、「年間数百万から数千万回」という、（富山の90億円交通まちづくりで見られた効果の数倍から数十倍の）莫大な数の「クルマ移動からの転換」という行動変化を生み出している。

いずれにせよ、富山の「交通まちづくり」は、「街において、部分的にでもクルマを捨てる方向」の変化（構造的方略）を図るものであり、京都の「交通まちづくりマーケティング」は、「個人において、部分的にでもクルマを捨てる方向」の変化（心理的方略）を図るものと、整理することができよう。

なお、この両者のアプローチはもちろん**相互補完的に展開されることが必要**だ。

富山における交通まちづくりの展開をさらに前に進めるためにも、年間数千万円程度の費用を投入した「交通まちづくりマーケティング」を、（単発ではなく）10年単位で継続的に進めていくことが必要であろう。

同様に、**京都における「交通まちづくりマーケティング」の有効性をさらに高めるためには富山のＬＲＴ導入のような、新しいまちなかの交通システムの導入が必須**であろう。京都のような規模の都市では、そうした投資は政府の補助を受けた「民間」による投資でも、十分に整備費も含めた採算がとれる可能性もある。今後はそうした可能性も見据えたＬＲＴのまちなかへの導入を急ぐことが必要であろう。

いずれにしても、こうした「交通まちづくり」が促そうとしている「クルマを使わない方向への行動変化」（モーダルシフト）は、グローバリゼーションを後ろ盾にしたモータリゼーションの流れに**完全に逆行する。**そして、世界的な巨大資本が展開するグローバリゼーションとモータリゼーションの流れは、日本中の街をシャッター街化させるほどに強烈な力を現実的に持っている。だから、財源が限られた中で展開する他ない交通まちづくりやモーダルシフトの取り組みは、（さながらゲリラ戦のように）**活用できるものをすべて活用しながら、最大限の工夫をこらしつつ、戦略的に展開しなければ勝ち目はない**のだ。

全国で、疲弊した街を立て直そうとする地域活性化、地方創生を志す方々はぜひ、京都や富山の事例をご参照いただきつつ、**それぞれの街にはどのような資産が残されており、どのようにすれば、街を活気づかせることができるのかを、じっくりと、戦略的に検討いただきたい**と思う。

その際に、決して忘れてはならないのは、**「過剰」なクルマ依存が、地域や街を疲弊させ、**

人々の幸福を毀損《きそん》している——という一点だ。この一点を見据えつつ、**「クルマを捨ててこそ、地方は甦る」**という言葉の意味をしっかりと咀嚼《そしゃく》しつつ、地方を甦らせる「クルマを使わない方向へのモーダルシフト」を前提とした**「交通まちづくり」**とその**「マーケティング」**の方途を、検討されんことを、祈念したい。

激しいクルマ社会でも、あきらめる必要はない

もちろん、そうはいっても、京都や富山の都心よりもさらに激しいクルマ社会となっている、さらなる地方の都市や、そうした地方都市の郊外などでは、そうした取り組みは絶望的に難しい、とお感じの方もおられるかもしれない。

しかし、決してそうではない。

例えば、富山よりもさらに深刻なクルマ社会である北海道の帯広市では、倒産さえ危ぶまれた地元バス会社が、徹底的な「マーケティング」に基づいて減少し続けていたバス利用者を文字通りV字回復することに成功させている。

その際、活用されたのが、京都でも活用された交通まちづくりマーケティングのアプローチだった。この経営回復は**「黄色いバスの奇跡」**ともいわれ、バス業界では全国的に有名と

なった事例なのだが、これによってバス会社は倒産を免れ、結果、帯広市の公共交通システムが失われてしまう危機、すなわち、帯広市の人々が日常の「足」を失ってしまう危機が回避されたのだ。これはそのまま、帯広市がさらに疲弊してしまう危機の回避を、直接的に意味している。

あるいは、和歌山県和歌山市の郊外、貴志川地域では、ローカル鉄道の貴志川線が、激しいクルマ社会化の流れの中で廃線の危機を迎えていたところ、地元住民の存続に向けた類《たぐ》い希《まれ》なる努力の結果、経営体制を刷新すると同時に地元住民による利用増を含めた様々な支援策を講ずることで、経営赤字額を「7分の1」程度まで圧縮することに成功している。結果、貴志川線は存続され、沿線の街が、決定的に過疎化してしまうことが回避されている。

なお、この時の「マーケティング」において重要な役割を担ったのが、**「猫の駅長・たまちゃん」**だった。猫を駅長に仕立てるという斬新なアイディアが、マスコミを中心に話題となり（読者の中にも、耳にされた方がおられるのではないかと思う）、「たまちゃん」が利用者増に一役買ったわけだ。

つまり、和歌山の郊外や帯広といった、京都や富山よりもさらに激しいクルマ社会の地域においても、バスや鉄道の利用増は決して不可能ではないのである（これらの事例の具体的内容は、拙著『モビリティをマネジメントする』〈学芸出版社〉をご参照されたい）。

そもそもそうした激しいクルマ社会では、ほとんど何も考えずにクルマばかり習慣的に使い続ける人々が、大量に存在しているのだ。だから彼らに、自らのライフスタイルを少しだけでも振り返る機会があれば、わずかなりとも「モーダルシフト」が生じうる隙間は、確実に存在しているのである。そしてその隙間こそ、その地域の疲弊を食い止め、活性化させていく「好機」となるのだ。

つまり、そうした激しいクルマ社会においても、「クルマを捨ててこそ、地方は甦る」のである。

クルマと「かしこく」つきあうために

以上にて、本書で論じようとしてきたことのあらましは終了だ。

ただしもう一つ、最後に付け加えておかなければならない、重要な論点がある。

それが、**「クルマとのかしこいつきあい方」**だ。

本書が論じた内容を改めて簡潔に描写するなら、

「本来クルマが入ってくるべきではない領域にまでクルマが入り込み、それによって地方が疲弊している。だから、そこからはクルマを排除しなければならない」

というものだった。これを踏まえるなら、当然ながら次のような議論の方向が、自ずと浮かび上がることとなる。

「本来クルマが入ってくるべきではない領域と、クルマが十二分に活躍すべき領域を明確に線引きすると共に、その両領域の『接続』を円滑化することが、地方活性化にとって不可欠だ」

これこそ、**「クルマとかしこくつきあう」**という考え方だ。

ついてはまず、**「『街』と『クルマ』とのかしこいつきあい方」**を考えてみよう。

街においてクルマが入ってくるべきではない領域とは、「街の中心部」だ。そもそもそこは様々な施設が密集しており、利用者の密度も高い。だから、そこに皆がクルマでアクセスすれば、当然大渋滞が起こる——ということは、以前に述べた通りだ。一方で、「街の中心部以外」は、それほど施設も密集しておらず、利用者の密度も低い。だから、そういったところへは、クルマでアクセスを許容しても問題はない。

それゆえ、理想的なクルマと都市とのつきあい方というのは、**街の中心部からはクルマを（可能な限り）排除し、その周辺部に環状道路や大型の駐車場を整備する**、というものだ。その街に訪れる人々は、その駐車場までクルマでやってきても構わない。ただし、**人の家に上がる時には靴を脱ぐように**、クルマをおいて、電車やバスで、街の中心部にアクセスする、という次第だ。

そうすれば、**街の中心部の道はほぼすべて、いわゆる「歩行者天国」**となる。そうなれば、本書第1章で述べたように、街中が魅力的な空間となり、「人で溢れる」ようになり、それを目がけてさらなる「民間投資」が進むようになっていく。そうした投資を通して、街は再び「コンパクト化」していくことになる。

もちろん、街の中心部の商店には「物流」のシステムとの接続が必要だ。それについては、今、歩行者天国の商店がそうしているように、時間帯を区切って物流トラックの流入を許可するなどの対策が考えられるだろう。

一方、街の中心部からクルマを可能な限り排除する方法としては、典型的なものは、**流入**

規制だ。あるいは、一定の料金さえ払えば流入を許可するという「**ロードプライシング**」という方法もある。

わが国にはまだ、こうした交通計画を実現した都市は存在しない。郊外部に大型の駐車場を整備し、そこから街の中心部への良質なアクセスインフラを整備している都市もまだない。しかし世界中にはこうした街の中心部への流入規制を実現した街は数多くある。わが国においても、こうした「かしこくクルマとつきあう都市」が形成される日が一日でも早く訪れることを、祈念したい。

一方、道路は「都市の中心エリア」にとっては必ずしも必要なものではないかもしれないが、「産業」のためには必要不可欠だ。だから高速道路を中心とした道路インフラは、日本の「産業」を支えるために必要だ。とりわけ「地方を甦らせる」ためには、港湾や工業団地、さらには、国内の様々な消費地との間のアクセス性を高める道路インフラ整備は必要不可欠だ。

さて、こうして道路インフラを（いわば、「コンパクト＋ネットワーク」の考え方で）整備したとするなら、その次に重要となるのが、「**『人』と『クルマ』とのかしこいつきあい方**」である。

仮に「コンパクトシティ」を企図した交通まちづくりを進めたにもかかわらず、皆が「やはり、私はクルマに乗りたい。だからクルマが便利な郊外に住む」という判断をすれば、結局コンパクトシティはできあがらない。

そうならないためにも、**コンパクトシティを作りあげるためにはやはり、人々の「クルマに頼りすぎない暮らし」がどうしても必要**となるのだ。

人々の日常生活において、クルマが入り込んではいけない「領域」とは何かといえば――近所の公園で親子で遊ぶ時間だとか、隣近所の子供同士で遊ぶ時間だとか、近所の商店で買い物をする時間だとかという「時間」だ。もちろん、周辺に何もない、というところに住んでいる人の場合は、そのほとんどが難しいのかもしれないが、周りに公園や商店やレストランがあるにもかかわらず、わざわざクルマに乗って大きな駐車場のある店に行ってしまっている人は、日本中で夥《おびただ》しい数に上るだろう（実際、筆者の20代はそういうライフスタイルであった）。それこそ、「クルマが入り込んではいけない『家族や隣近所の時間領域』」にクルマが入り込んでしまっているケースだ。

自らのライフスタイルを振り返り、クルマの使い方をよくよく考えれば、こういう、「クルマを使わなくてもいい機会」というのが、意外とたくさん、私たちの日常には転がっているはずだ。実際、筆者などが様々な都市で行なった、「そういう機会があるかどうかを考えてもらい、それがあるなら、ぜひ実際にクルマをできるだけ控えてもらう」ということを心理的に促していく実験から、**1割から2割程度、そういう「クルマでなくてもいい移動」が私たちの日常の暮らしの中にはあることがわかっている**（鈴木他「国内TFP事例の態度・行動変容効果についてのメタ分析」土木学会論文集 62〈4〉）。

だから、そういう「1割、2割」のクルマ利用は、ほとんど何の「無理」もしないまま、取りやめることができるはずなのである。そして、その1割、2割で歩くようにしたり、近所に出かけたりするようにすれば、その分だけ、ダイエットにも健康にも、地域経済にも地域社会にも、子供の教育にもそして自らの生活満足度にも、「良好な影響」が生まれてくるのである。

さらには、筆者などの別の研究によれば、クルマ依存傾向が低ければ、「引っ越し」の時に、街の中心部や鉄道駅から離れたところ（つまり郊外）に住む傾向が強くなることが明らかにされている。具体的な数字でいうなら、「引っ越し」た家の場所の街の中心部や鉄道駅からの距離は、クルマ依存者はそうでない人に比べて、おおよそ1・5倍程度になってしまうことが示されている（藤井「交通行動が居住地選択に及ぼす影響についての仮説検証」交通工学　43〈6〉）。つまり、「クルマに頼りすぎることなく、クルマでなくてもいいような移動はクルマで行なわない」という形で、**「かしこく」クルマとつきあえている人は、自ずと、「コンパクトシティ」を形成する方向で、住まいを決定していく**のである。

そしていったん郊外でなく、街の中心部に住むようになれば、ますますクルマを使う必要がなくなっていく。より長い時間を考えれば、何回かの引っ越しを通して最終的には、ほとんどクルマを持たなくてもいいようなところに居を構えるようになっていくのである。

いずれにせよ、様々な時間スケールの中で、自らの「クルマの使い方」に、ことあるごとに見直しを加えていけば、どのクルマ利用がホントに必要で、どのクルマ利用がホントは不要だったのかの線引きが、それぞれの人々のそれぞれの状況の中で、朧《おぼろ》気《げ》に見えてくることとなろう。

これこそ、**その個人における「かしこいクルマとのつきあい方」**の形なのである。

なお、今、クルマを保有していない筆者であるが、最近、自宅近くの自転車で2分くらいのところに**「カーシェアリング」**のシステムがやってきた。試しに使ってみたところ、とても便利だった。ビールを大量に買う場合や、年老いた母が家にやってきた時の送り迎えなどには、ちょうど使い勝手がいい。しかも、なんといっても、15分使って２００円と少し。家計への負担は最小化されている。筆者は今、月に1、2回、時折クルマを使うことで、自分自身のライフスタイルがより豊かになる、という経験をしているところだ。

つまり、「かしこいクルマとのつきあい方」とは、常に「クルマを削る」方向だけにあるのではない。筆者のようにクルマを全く使っていなかったケースでは、例えばカーシェアリングシステムを活用するなどして、自分自身の暮らしの中に一部、クルマ利用を導入していくこともまた、「かしこいクルマとのつきあい方」なのだ。

最高に便利な「劇薬」を上手に使いこなせるように

いずれにせよ、クルマは、近代文明が発明した最高に便利な「文明の利器」だ。

しかし、その使い方を誤れば、私たちの社会も経済も、そして個人の豊かな暮らしも、すべてを破壊しかねない、「劇薬」なのだ。どうやら私たちは20世紀から21世紀にかけて、この劇薬の使い方を誤ってしまってしまったようなのである。

21世紀中盤から後半に向けて、この「劇薬」を上手に使いこなすことができるように、一人ひとりが、そして、政治と行政、とりわけ自動車メーカーも含めた産業界も含めたオールジャパンで協力しながら、経済成長や地方創生、環境問題、そして、日本の文化的発展といった様々な側面を総合的に配慮しながら、社会全体における「かしこいクルマとのつきあい方」を、冷静かつ勇気を持って考え始めなければならない。

そのために、地方政府や地域社会は、京都市や富山市のように、半ば「負け戦」を覚悟の上で戦う心持ちで、**一つひとつの交通まちづくりの取り組みを最大の戦略性を持って展開する姿勢**を、持続しなければならない。

一方で、中央政府はそうした取り組みを支援するための財政的支援や制度的支援を含めた、**徹底的なバックアップ**が必要だ。そして、中央政府において忘れてはならないのは、地方政府のこうした交通まちづくりの戦いを支援するためにも、一刻も早く**「デフレ脱却」**を果たさねばならない、という点だ。デフレさえ脱却できれば、地方政府の人口流出も緩和し、税収も着実に増える。そしてこれに加えて、富山市の取り組みにおいて「北陸新幹線」の開通が重要な役割を担ったことを踏まえれば、全国の新幹線ネットワークの形成をはじめとした、**都市間の交通インフラ整備を進める国家プロジェクト**は不可欠だ。さらには、巨大災害があれば、こうした取り組みがすべて水の泡に消える――という点に思いを馳せるなら、**防災減災、強靭化対策の国家プロジェクト**を進めることも忘れてはならない。

そして産業界においては、「日本型資本主義」とでもいうべき、**公共的、かつ、長期的な**

利益の増進を企図したビジネス展開を基本としていけば、自ずと、地方創生やデフレ脱却の双方に資する事業展開が可能となるだろう。

そして最後に私たち一人ひとりは、本書で繰り返し論じた通り、一体何が適切なふるまいなのかを、目先の利便性だけにとらわれず、長期的、かつ、地域的な視点も踏まえながら**毎日毎日の暮らしを「かしこく」営むこと**が求められている。

もしもこうした地道な取り組みをすべて一気にオールジャパンで進めることができれば、大小様々な歯車がガッチリとかみ合い、確実に地方が甦るのみならず、日本全体が**瞬く間に**強く豊かになっていくこととなろう。

ただし――もし、自分だけがその方向で努力を重ねているにもかかわらず、他の人たちが皆、グローバリゼーションやモータリゼーションを加速するような取り組みばかりを続けていたとすれば――それでもなお、何もあきらめる必要はない。

そんな場合でも、その状況の中でできる限りのことをできる限りの力で進めればよいだけだ。少なくとも今、富山や京都、さらには川越や帯広、そして和歌山の貴志川をはじめとした様々な地域が、この激しいモータリゼーションの流れがあるにもかかわらず、着実に一つずつ、戦略的に取り組みを進めているのは、本書で詳しく紹介した通りだ（それはまさに、

「モビリティ」の「マネジメント」、というにふさわしい取り組みだ）。

そして、個人においては、どんな状況にある地方においても、クルマと「かしこく」つきあいながら、可能な限り豊かな暮らしをめざすことは決して、不可能ではないはずなのである。

おわりに

筆者はここ数年、デフレ完全脱却に向けた経済政策や、グローバリズム／構造改革が社会にもたらす深刻な被害、さらには巨大地震対策や大衆社会批判等について出版したりメディア上で発言したりしてきた。しかし、筆者が20代後半にスウェーデンのイエテボリ大学心理学科に留学して以来、当方の最も大きな研究テーマの一つだったのが、本書で論じた「かしこいクルマの使い方」の問題であった。この問題は単に交通計画の範疇《はんちゅう》にとどまるものでなく、グローバル化、大衆社会化、さらにはデフレや強靭化、社会的ジレンマの問題における最も「具体的」「実践的」なテーマの一つとして位置づけられうるものなのだが、いかんせん少々「地味」なテーマなため、なかなか新書等で出版する機会が得られずにここまで来てしまった。そんな中、今回は、ＰＨＰ新書の川上達史氏のご尽力のおかげで、こういう形で新書として出版することができたことに、筆者は大変にありがたく、うれしく感じている。

本書を出版するにあたっては、できるだけ現場の実践例を取り上げるように心がけた。それらの情報収集にあたっては、元京都市交通政策監の佐伯康介氏や京都のシステム科学研究所の東徹氏、富山の新日本コンサルタントの市森友明氏、ＫＢＳ京都のスタッフや「ほっかほかラジオ」の笑福亭晃瓶さん、中村薫さんらに大変にご協力いただいた。また、本書で紹介した数々のデータの多くは、京都大学や東京工業大学の学生や助教、准教授の皆さんとの共同研究を通して蓄積したものである。ここに記して、改めて深謝の意を表したい。

本書を通して「かしこいクルマの使い方」が社会に少しでも広まることを、そしてデフレやグローバル化、さらには、過剰な近代化や大衆化（ニヒリズム）の中で疲弊しつつある地方が再生し、人々の暮らしとこころが少しでも豊かなものとなることを、心から祈念したい。

平成29年9月15日　京都山科あたり、列車車中にて

藤井　聡

PHP新書

PHP INTERFACE
http://www.php.co.jp/

藤井 聡［ふじい・さとし］

1968年奈良県生まれ。京都大学大学院教授（都市社会工学専攻）。京都大学大学院工学研究科修了。東京工業大学教授、イエテボリ大学心理学科客員研究員等を経て、現職。第2次および第3次安倍内閣・内閣官房参与（防災・減災ニューディール担当）。専門は公共政策に関わる実践的人文社会科学。2003年に土木学会論文賞、05年に日本行動計量学会林知己夫賞、07年に文部科学大臣表彰・若手科学者賞、09年に日本社会心理学会奨励論文賞、10年に日本学術振興会賞などを受賞。

クルマを捨ててこそ地方は甦る

PHP新書 1114

二〇一七年十月二十七日　第一版第一刷

著者――藤井 聡
発行者――後藤淳一
発行所――株式会社PHP研究所
東京本部――〒135-8137 江東区豊洲5-6-52
第一制作部 ☎03-3520-9615（編集）
普及部 ☎03-3520-9630（販売）
京都本部――〒601-8411 京都市南区西九条北ノ内町11
組版――有限会社メディアネット
装幀者――芦澤泰偉＋児崎雅淑
印刷所
製本所――図書印刷株式会社

ISBN978-4-569-83695-9

ＰＨＰ新書刊行にあたって

「繁栄を通じて平和と幸福を」(PEACE and HAPPINESS through PROSPERITY)の願いのもと、ＰＨＰ研究所が創設されて今年で五十周年を迎えます。その歩みは、日本人が先の戦争を乗り越え、並々ならぬ努力を続けて、今日の繁栄を築き上げてきた軌跡に重なります。

しかし、平和で豊かな生活を手にした現在、多くの日本人は、自分が何のために生きているのか、どのように生きていきたいのかを、見失いつつあるように思われます。そして、その間にも、日本国内や世界のみならず地球規模での大きな変化が日々生起し、解決すべき問題となって私たちのもとに押し寄せてきます。

このような時代に人生の確かな価値を見出し、生きる喜びに満ちあふれた社会を実現するために、いま何が求められているのでしょうか。それは、先達が培ってきた知恵を紡ぎ直すこと、その上で自分たち一人一人がおかれた現実と進むべき未来について丹念に考えていくこと以外にはありません。

その営みは、単なる知識に終わらない深い思索へ、そしてよく生きるための哲学への旅でもあります。弊所が創設五十周年を迎えましたのを機に、ＰＨＰ新書を創刊し、この新たな旅を読者と共に歩んでいきたいと思っています。多くの読者の共感と支援を心よりお願いいたします。

一九九六年十月

ＰＨＰ研究所

PHP新書

［経済・経営］

187 働くひとのためのキャリア・デザイン　金井壽宏
379 なぜトヨタは人を育てるのがうまいのか　若松義人
450 トヨタの上司は現場で何を伝えているのか　若松義人
543 ハイエク 知識社会の自由主義　池田信夫
587 微分・積分を知らずに経営を語るな　内山 力
594 新しい資本主義　原 丈人
620 自分らしいキャリアのつくり方　高橋俊介
752 日本企業にいま大切なこと　野中郁次郎／遠藤 功
852 ドラッカーとオーケストラの組織論　山岸淳子
882 成長戦略のまやかし　小幡 績
887 そして日本経済が世界の希望になる
ポール・クルーグマン［著］／山形浩生［監修・解説］／大野和基［訳］
892 知の最先端　クレイトン・クリステンセンほか［著］／大野和基［インタビュー・編］
901 ホワイト企業　高橋俊介
908 インフレどころか世界はデフレで蘇る　中原圭介
932 なぜローカル経済から日本は甦るのか　冨山和彦
958 ケインズの逆襲、ハイエクの慧眼　松尾 匡
973 ネオアベノミクスの論点　若田部昌澄
980 三越伊勢丹　ブランド力の神髄　大西 洋
984 逆流するグローバリズム　竹森俊平
985 新しいグローバルビジネスの教科書　山田英二
998 超インフラ論　藤井 聡
1003 その場しのぎの会社が、なぜ変われたのか　内山 力
1023 大変化――経済学が教える二〇二〇年の日本と世界　竹中平蔵
1027 戦後経済史は嘘ばかり　髙橋洋一
1029 ハーバードでいちばん人気の国・日本　佐藤智恵
1033 自由のジレンマを解く　松尾 匡
1034 日本経済の「質」はなぜ世界最高なのか　福島清彦
1039 中国経済はどこまで崩壊するのか　安達誠司
1080 クラッシャー上司　松崎一葉
1081 三越伊勢丹　モノづくりの哲学　大西 洋／内田裕子
1084 セブン-イレブン1号店　繁盛する商い　山本憲司
1088 「年金問題」は嘘ばかり　髙橋洋一
1105 「米中経済戦争」の内実を読み解く　津上俊哉

［社会・教育］

117 社会的ジレンマ　山岸俊男
335 NPOという生き方　島田 恒

418 女性の品格　坂東眞理子
495 親の品格　坂東眞理子
504 生活保護vsワーキングプア　大山典宏
522 プロ法律家のクレーマー対応術　横山雅文
537 ネットいじめ　荻上チキ
546 本質を見抜く力――環境・食料・エネルギー　養老孟司／竹村公太郎
586 理系バカと文系バカ　竹内　薫［著］／嵯峨野功一［構成］
602 「勉強しろ」と言わずに子供を勉強させる法　小林公夫
618 世界一幸福な国デンマークの暮らし方　千葉忠夫
621 コミュニケーション力を引き出す　平田オリザ／蓮行
629 テレビは見てはいけない　苫米地英人
632 あの演説はなぜ人を動かしたのか　川上徹也
681 スウェーデンはなぜ強いのか　北岡孝義
692 女性の幸福［仕事編］　坂東眞理子
706 日本はスウェーデンになるべきか　高岡　望
720 格差と貧困のないデンマーク　千葉忠夫
741 本物の医師になれる人、なれない人　小林公夫
780 幸せな小国オランダの智慧　紺野　登
783 原発「危険神話」の崩壊　池田信夫
786 新聞・テレビはなぜ平気で「ウソ」をつくのか　上杉　隆
789 「勉強しろ」と言わずに子供を勉強させる言葉　小林公夫
792 「日本」を捨てよ　苫米地英人
819 日本のリアル　養老孟司
823 となりの闇社会　一橋文哉
828 ハッカーの手口　岡嶋裕史
829 頼れない国でどう生きようか　加藤嘉一／古市憲寿
832 スポーツの世界は学歴社会　橘木俊詔／齋藤隆志
847 子どもの問題　いかに解決するか　岡田尊司／魚住絹代
854 女子校力　杉浦由美子
857 大津中2いじめ自殺　共同通信大阪社会部
858 中学受験に失敗しない　高濱正伸
869 若者の取扱説明書　齋藤　孝
870 しなやかな仕事術　林　文子
872 この国はなぜ被害者を守らないのか　川田龍平
875 コンクリート崩壊　溝渕利明
879 原発の正しい「やめさせ方」　石川和男
888 日本人はいつ日本が好きになったのか　竹田恒泰
896 著作権法がソーシャルメディアを殺す　城所岩生
897 生活保護vs子どもの貧困　大山典宏
909 じつは「おもてなし」がなっていない日本のホテル　桐山秀樹
915 覚えるだけの勉強をやめれば劇的に頭がよくなる　小川仁志
919 ウェブとはすなわち現実世界の未来図である　小林弘人

923 世界「比較貧困学」入門　石井光太
935 絶望のテレビ報道　安倍宏行
941 ゆとり世代の愛国心　税所篤快
950 僕たちは就職しなくてもいいのかもしれない　岡田斗司夫 FRREex
962 英語もできないノースキルの文系はこれからどうすべきか　大石哲之
963 エボラvs人類 終わりなき戦い　岡田晴恵
969 進化する中国系犯罪集団　一橋文哉
974 ナショナリズムをとことん考えてみたら　春香クリスティーン
978 東京劣化　松谷明彦
981 世界に嗤われる日本の原発戦略　高嶋哲夫
987 量子コンピューターが本当にすごい　竹内 薫／丸山篤史［構成］
994 文系の壁　養老孟司
997 無電柱革命　小池百合子／松原隆一郎
1006 科学研究とデータのからくり　谷岡一郎
1022 社会を変えたい人のためのソーシャルビジネス入門　駒崎弘樹
1025 人類と地球の大問題　丹羽宇一郎
1032 なぜ疑似科学が社会を動かすのか　石川幹人
1040 世界のエリートなら誰でも知っているお洒落の本質　干場義雅
1044 現代建築のトリセツ　松葉一清
1046 ママっ子男子とバブルママ　原田曜平
1059 広島大学は世界トップ100に入れるのか　山下柚実
1065 ネコがこんなにかわいくなった理由　黒瀬奈緒子
1069 この三つの言葉で、勉強好きな子どもが育つ　齋藤 孝
1070 日本語の建築　伊東豊雄
1072 縮充する日本「参加」が創り出す人口減少社会の希望　山崎 亮
1073 「やさしさ」過剰社会　榎本博明
1079 超ソロ社会　荒川和久
1087 羽田空港のひみつ　秋本俊二
1093 震災が起きた後で死なないために　野口 健
1098 日本の建築家はなぜ世界で愛されるのか　五十嵐太郎
1106 御社の働き方改革、ここが間違ってます！　白河桃子

［政治・外交］

318・319 憲法で読むアメリカ史（上・下）　阿川尚之
426 日本人としてこれだけは知っておきたいこと　中西輝政
745 官僚の責任　古賀茂明
746 ほんとうは強い日本　田母神俊雄
807 ほんとうは危ない日本　田母神俊雄
826 迫りくる日中冷戦の時代　中西輝政

841 日本の「情報と外交」　孫崎 享
874 憲法問題　伊藤 真
881 官房長官を見れば政権の実力がわかる　菊池正史
891 利権の復活　古賀茂明
893 語られざる中国の結末　宮家邦彦
898 なぜ中国から離れると日本はうまくいくのか　石 平
920 テレビが伝えない憲法の話　木村草太
931 中国の大問題　丹羽宇一郎
954 哀しき半島国家 韓国の結末　宮家邦彦
964 中国外交の大失敗　中西輝政
965 アメリカはイスラム国に勝てない　宮田 律
967 新・台湾の主張　李 登輝
972 安倍政権は本当に強いのか　御厨 貴
979 なぜ中国は覇権の妄想をやめられないのか　石 平
982 戦後リベラルの終焉　池田信夫
986 こんなに脆い中国共産党　日暮高則
988 従属国家論　佐伯啓思
989 東アジアの軍事情勢はこれからどうなるのか　能勢伸之
993 中国は腹の底で日本をどう思っているのか　富坂 聰
999 国を守る責任　折木良一
1000 アメリカの戦争責任　竹田恒泰
1005 ほんとうは共産党が嫌いな中国人　宇田川敬介
1008 護憲派メディアの何が気持ち悪いのか　潮 匡人
1014 優しいサヨクの復活　島田雅彦
1019 愛国ってなんだ 民族・郷土・戦争　古谷経衡［著］／奥田愛基［対談者］
1024 ヨーロッパから民主主義が消える　川口マーン惠美
1031 中東複合危機から第三次世界大戦へ　山内昌之
1042 だれが沖縄を殺すのか　ロバート・D・エルドリッヂ
1043 なぜ韓国外交は日本に敗れたのか　武貞秀士
1045 世界に負けない日本　薮中三十二
1058 「強すぎる自民党」の病理　池田信夫
1060 イギリス解体、EU崩落、ロシア台頭　岡部 伸
1066 習近平はいったい何を考えているのか　丹羽宇一郎
1076 日本人として知っておきたい「世界激変」の行方　中西輝政
1082 日本の政治報道はなぜ「嘘八百」なのか　潮 匡人
1089 イスラム唯一の希望の国 日本　宮田 律
1090 返還交渉 沖縄・北方領土の「光と影」　東郷和彦

［**思想・哲学**］

032 〈対話〉のない社会　中島義道
058 悲鳴をあげる身体　鷲田清一
086 脳死・クローン・遺伝子治療　加藤尚武
468 「人間嫌い」のルール　中島義道

［**知的技術**］